KB144123

Convention
Planning & Practice

컨벤션 기획과 실무분야를 중심으로

컨벤션기획실무

성은희 저

 (주)백산출판사

머리말

21세기 유망산업으로 컨벤션산업이 부상하면서 관련 비즈니스가 확대되고 산업분야에서 전문인력 양성의 중요성이 인식되었다. 컨벤션 시장의 수요로 전문인력 양성을 위한 교육기관이 증가하기 시작했으며 컨벤션 관련 연구도 활발히 진행되고 있다. 컨벤션 교육기관은 정규기관뿐만 아니라 사설기관까지 다양한 형태로 산업의 요구를 충족시키고 있으며 더불어 컨벤션관련 다양한 교재들이 출판되고 있다.

기업에서는 다양한 교육기관을 통해 배출되는 인력들이 현장에 바로 투입되어 기획가로 활동하기를 희망하나 현실은 그렇지 못한 실정이다. 즉 산업에서 필요로 하는 맞춤형 인력양성에는 미치지 못하는 교육과정으로 인해 배출되는 전문인력의 양적 성장은 성과를 이루었으나 질적 성장은 미흡한 현황이다.

그래서 이런 문제점을 해결하기 위하여 교육현장에서 교육과정 개편 및 산업 맞춤형 프로그램을 적극적으로 운영하고 있으며, 저자도 조금이나마 보탬이 되고자 본서를 집필하게 되었다. 본서의 목적은 컨벤션산업의 구조에 대한 이해를 바탕으로 컨벤션 기획 아이디어를 도출하여 전문적인 기획서를 작성할 수 있는 능력을 익히는 데 있다.

본서는 컨벤션 기획과 실무분야를 중심으로 구성하였다. 1장은 컨벤션의 개념 및 현황을 시작으로 컨벤션산업의 구조에 대한 내용을 담고 있다. 2장은 기획 전반에 대한 이론과 기획서 작성법을 집중적으로 다루고 있다. 특히 이론적인 내용과 함께 현실적인 기획서 작성법을 구체적으로 소개하고 있다. 3장은 컨벤션에 대한 총괄적인 기획내용으로 구성되어 있으며, 4장은 컨벤션의 핵심인 회의와 프로그램 기획을 집중적으로 다루고 있다.

5장부터 9장까지는 등록 및 숙박, 공식행사 및 사교행사, 관광 및 수송, 홍보 및 마케팅, 재무관리 등 컨벤션에 관한 세부분야별로 기본계획 수립방법과 진행절차 및 현장업무까지의 프로세스에 대하여 소개하고 있다.

본서는 저자가 산업현장에서 겪은 십 수년간의 경험과 노하우를 토대로 이론보다는 실무를 중심으로 기술하였다. 특히 기획이론과 기획서 작성은 철저히 실무중심으로 정리하였으며, 컨벤션 세부분야의 진행과정도 현장에서 즉시 활용할 수 있는 내용을 포함하고 있다. 그러므로 본서는 컨벤션원론을 선행학습으로 수행하고 현장실무를 학습하고자 하는 학생들에게 권하고 싶다.

컨벤션의 다양한 분야를 모두 다루지 못한 아쉬움이 남고 부족한 부분도 많지만 본서가 대학교육을 마치고 사회에 진출하는 컨벤션 새내기들이 산업현장에서 빠른 시일 내에 전문인력으로 활동하는 데 보탬이 되기를 희망한다.

끝으로 본서가 나오기까지 물심양면으로 도와주신 모든 분께 감사 인사를 전한다.

2019년 1월
저자 씀

차례

부록

제 **1** 장

컨벤션의 이해

컨 · 벤 · 션 · 기 · 획 · 실 · 무

제 1 장 컨벤션의 이해

학습
목표 컨벤션의 정의, 유형 및 파급효과를 알 수 있다.
컨벤션산업의 개최현황에 대해 학습한다.
컨벤션산업의 구성요소와 구조에 대해 이해한다.

제 1 절 컨벤션의 개념

1. 컨벤션의 정의

국내에서는 1997년 「국제회의산업 육성에 관한 법률」이 제정되고 2000년 ASEM회의가 개최된 이후 컨벤션이 본격적으로 시작되었으며, 20여 년의 짧은 역사에도 불구하고 급속도로 성장하여 2016년에는 UIA[1] 기준 세계 1위의 성과를 보였다. 컨벤션시장은 세계적으로 급격히 성장하고 있으며 많은 국가에서 적극적으로 육성, 지원하는 산업이다. 우리나라도 2009년 마이스산업을 신성장 동력산업으로 선정하여 다양한 육성정책을 추진하고 있다. 2000년 ASEM회의, 2005년 APEC 및 2010년 G-20 정상회의를 성공적으로 개최함으로써 밖으로는 컨벤션 리더 국가로서의 자리매김을 하였으며, 내부적으로는 국민들과 산업계에 컨벤션산업에 대한 인식을 강화하는 중요한 역할을 하게 되었다.

---

1) UIA(국제협회연합): 벨기에 브뤼셀에 본부를 둔 비정부 · 비영리 국제기구로 전 세계 6만 6,000여 개의 국제 협회와 단체가 회원으로 가입. 매년 국가 · 도시별 국제회의 개최순위를 발표. 국제회의를 A~C까지 3개 등급 으로 구분함

그러나 컨벤션에 대한 정의가 여전히 명확하게 이루어지고 있지 않아 무분별하게 혹은 잘못 사용되고 있는 것이 현실이며, 산업의 이해에 앞서 컨벤션 관련 개념에 대한 명확한 이해가 필요하다.

일반적으로 회의(meeting)란 용어는 다양한 참가 목적(교육, 정보교류 및 친목 등)을 가지고 개인, 단체 혹은 국가를 대표하는 참가자들이 자신이 대표하는 개인, 단체, 혹은 국가의 이익을 도모하기 위한 만남의 기회를 제공하는 행사라는 의미에서 컨벤션과 유사한 개념이라고 할 수 있다.

컨벤션(convention)의 어원을 살펴보면 'con'은 라틴어 'cum(together)'이며, 'vene'는 'venir(to come)'에서 유래된 것으로 '함께 와서 모이다'라는 의미를 갖고 있다. 국내의 경우, 컨벤션이 시작된 초기에는 '국제회의(international meeting)'란 용어를 사용하다 21세기부터 '컨벤션(convention)'이란 용어를 주로 사용하고 있으며, 근래에는 회의산업 규모의 증대로 'MICE'의 개념으로 확대하여 사용하고 있다.

[표 1-1] 컨벤션의 사전적 정의

Merriam-Webster's Collegiate Dictionary(1994)	어떤 공통의 목적을 가진 사람(참가자)의 모임(만남)
Oxford Advanced Learner's Dictionary of Current English(1984)	사회단체 및 정당들 회원 간의 회의, 사업 및 각종 무역에 관련된 모든 회의들과 정부 간에 이루어지는 모든 회의
관광용어사전(1985)	대부분 많은 사업가 또는 전문 직업인이 참가하는 회의로, 미국 이외의 나라에서는 콩그레스(Congress)라는 용어를 흔히 씀

1) 국제회의의 정의

국제회의는 국내외 기구 및 법률에서 서로 다르게 정의내리고 있으며, 이는 국제회의에 관한 다양한 통계자료에 서로 상이하게 나타나게 되는 이유이다. 국제회의는 국내회의와 반대되는 개념으로 2개국 이상의 참가자들로 구성되며, 외형적인 정의와 내용적인 정의로 정리할 수 있다.

외형적인 정의로는 국제기구가 주최 혹은 후원하거나 국내 단체가 주최하는 국제적인 규모의 회의로, 최근에는 전시회, 박람회, 기업/단체회의 및 인센티브 미팅도 포함하는 추세이다. 내용적으로는 수개국 혹은 수십 개국의 대표 또는 회원 수십 명 또는 수백 명이 정기적 혹은 부정기적으로 모여서 정해진 주제를 갖고 논문 또는 연구결과를 발표, 토의하는 회의집합체라고 정의할 수 있다.

2) 국제회의의 기준

(1) UIA(Union of International Association, 국제협회연합)

UIA에서는 매년 국제회의 개최 통계보고서를 발간한다. 통계작업을 위해 국제회의 기준에 따라 수집하고 분류하는데 UIA에서 정한 국제회의 기준은 [표 1-2]에서 보는 바와 같이 3가지로 구분한다.

[표 1-2] UIA 국제회의 분류기준

A	국제기구가 주최하거나 후원하고, 최소 50명 이상이 참석하거나 참석자 수가 알려지지 않은 회의
B	국제기구가 주최하거나 후원하지는 않으나 국가조직 혹은 국제기구에 소속된 국내지부가 주최하는 국제적인 규모의 회의로, 해외 참가자 비율이 40% 이상이며 참가자 출신 지역은 5개국 이상이고 회의기간이 최소 3일 이상이거나 개최일수가 알려지지 않았으며, 300명 이상이 참가하거나 전시회를 동반하는 회의
C	국제기구가 주최하거나 후원하지는 않으나 국가조직 혹은 국제기구에 소속된 국내지부가 주최하는 국제적인 규모의 회의로, 해외 참가자 비율이 40% 이상이며 참가자 출신 지역은 5개국 이상이고 최소 2일 이상이거나 개최일수가 알려지지 않았으며, 250명 이상이 참가하거나 전시회를 동반하는 회의. 반드시 B그룹을 포함하게 됨

(2) ICCA(International Congress & Convention Association)[2]

UIA와 함께 매년 국제회의 통계보고서를 발간하는 ICCA에서 집계하는 국제

---

2) ICCA(국제콩그레스컨벤션협회): 1963년 설립. 전 세계 100개국에 1,000여 개의 컨벤션 기업과 협회 등이 가입돼 있는 국제협회

회의의 대상은 회의 주최기관이 비정부기구(협회)인지, 회의가 정기적으로 개최되고 3개 이상의 국가에서 순회하며 개최되는지, 회의에 최소 50명 이상의 위원이 참가하는지를 기준으로 판단된다.

ICCA 기준 국제회의는 전체 회의의 일부만을 대상으로 하고 있고, 정부 간회의, 비순환 회의 및 기업회의 등은 배제하고 있으므로 전체 회의시장을 평가, 해석하는 용도로 이용되어서는 안 된다.

그림 1-1 ICCA 기준 국제회의 분류 및 통계집계 대상

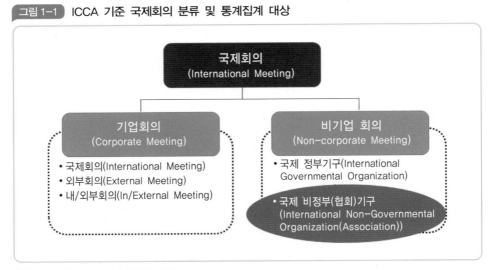

출처: Vol. 32, Global MICE Insight

(3) AACVB(Asian Association of Convention & Visitors Bureau, 아시아 컨벤션뷰로협회)

아시아 컨벤션뷰로협회에서는 공인된 단체나 법인이 주최하는 단체회의, 학술심포지엄, 기업회의, 전시박람회, 인센티브관광 등 다양한 형태의 모임 중에서 전체 참가자 중 외국인이 10% 이상, 방문객이 1박 이상 상업적인 숙박시설을 이용하는 회의를 국제회의 기준으로 정하고 있다.

(4) 국제회의산업 육성에 관한 법률

1997년 4월에 제정된 「국제회의산업 육성에 관한 법률」에 의한 국제회의 기준은 2가지로 분류된다.

국제기구에 가입한 기관이나 국내 단체가 주관하는 회의로, 참가국가는 5개국 이상이며 300명 이상(외국인이 100명 이상)이 참가하고 3일 이상 개최하는 회의와, 국제기구에 가입하지 아니한 기관, 법인, 단체가 개최하는 회의로 외국인이 150명 이상 참가하고 2일 이상 개최하는 회의를 국제회의로 분류하고 있다.

(5) 한국관광공사(Korea Tourism Organization, KTO)

한국관광공사에서는 국내에서 개최되는 국제행사 중 참가국이 3개국 이상, 외국인 참가자 수가 10명 이상인 순수 국제회의, 전시회 및 기타 행사를 국제회의 기준으로 분류하고 있다.

(6) 학자들의 정의

많은 학자들 중 Astroff와 Abbey(1998)는 컨벤션을 특별한 문제를 토론하기 위한 참가자들의 회의라고 하였으며, Berkman 등(1986)은 특별한 목적을 달성하기 위한 사회단체, 정당 회원들 간의 회의나 사업이나 무역에 관한 회의로, 통상적으로 공인된 단체가 개최하는 3개국 이상의 대표가 참가하는 정기적 혹은 비정기적 회의를 컨벤션이라 하였다.

2. 회의의 유형

회의의 유형은 용어가 조금씩 차이가 나서 의미가 중복되기도 하지만 국제회의는 다양한 국가가 참가하므로 규모와 내용에 맞는 회의 용어를 선택하여 사용해야 한다. 미국은 회의산업 전체를 meeting industry라고 하며, 호주의 경우는 회의를 business/tourism event라는 용어로 사용하고 있다.

1) 컨벤션(Convention)

회의산업의 대표로 인식하는 회의이며, 대규모 회의를 총칭한다. 정치, 무역, 산업, 과학, 기술 분야의 회의를 포괄하며, 국제적·국가적 기구가 개최하는 연차총회뿐만 아니라 각종 총회에 속한 분과회의 및 소규모회의, 임시위원회 등을 모두 포함한다. 일반적으로 전시(exhibition)를 포함하는 형태가 많은 편이며, 주기적으로 개최되는 것이 보통이다.

2) 컨퍼런스(Conference)

토론과 참여를 수반한 개념으로, 컨벤션이 일반적으로 산업 및 무역 분야의 회의라면 컨퍼런스는 주로 기술과 과학·학문분야에 비중을 두는 회의이다. 컨퍼런스도 컨벤션과 유사한 형태로 개최되는 회의이나, 개최 분야가 주로 학문적인 것이 많다.

3) 콩그레스(Congress)

유럽에서 국제회의의 의미로 가장 많이 사용하는 용어로서 컨퍼런스와 유사한 개념이며, 미국에서는 의회의 의미로 사용되는 용어이다.

4) 포럼(Forum)

사회자를 중심으로 진행되는 상호 토론형태의 회의이다. 서로 상반된 의견을 가진 2명 혹은 그 이상의 연사들이 서로의 의견과 주장을 발표하고, 청중들이 적극 참여하여 의제에 대한 질문과 토론을 개진하는 형태이다. 발표자와 토론자를 일반적으로 패널리스트(panelist)라고 칭한다.

5) 심포지엄(Symposium)

포럼과 유사한 개념이지만 회의의 운영이 포럼보다는 공식적이라는 점이 다르다. 발표자에 의한 발표의 형식으로 운영되며, 청중이 질문이나 토론 등의 형식으로 참여할 수 있지만 포럼에 비해 활발한 커뮤니케이션이 이루어지지는 않는다.

6) 세미나(Seminar)

세미나는 주로 교육 및 연구 목적으로 개최하는 회의이다. 한 명 혹은 다수의 발표자들이 강단에서 생각이나 아이디어를 개진하는 형식을 취하며 일반적으로 다수 청중의 질문이나 답변을 통해 지식과 경험을 공유하는 상호관계를 지닌다. 이런 모임이 성장하면 포럼이나 심포지엄의 형태로 변화한다.

7) 워크숍(Workshop)

구체적인 문제나 과제를 다루기 위하여 아주 작은 집단을 포함한 총회 형식으로 진행한다. 참가자들은 실질적으로 새로운 지식, 기술, 문제 등을 공유하면서 상호 간의 교육적인 면을 습득한다. 세미나는 전문가가 토론거리나 정보를 제공하는 형식이 강한 반면, 워크숍은 어떤 문제를 해결하기 위해 함께 모여 문제점을 찾아내고 토의하는 형식이라 할 수 있다.

8) 클리닉(Clinic)

특정분야의 지식과 기술을 습득시키고 교육시키며 문제를 해결하고 분석하기 위해 준비되는 소규모 모임이다. 훈련활동의 일환으로 특정 주제에 대한 훈련과 강습을 제공한다.

9) 리트리트(Retreat)

작은 규모의 회의이며 시내와는 떨어진 지역에서 상호결속, 집중된 기획회의, 혹은 단순한 휴식의 목적을 지니고 있다. 대표적인 예로 2005년 부산에서 개최된 APEC Retreat-1(BEXCO회의장), Retreat-2(누리마루)를 들 수 있다.

10) 서밋(Summit)

각국의 정상급 원수들이 모여서 하는 회담을 의미하나, 최근에는 CEO 모임이나 학술적인 석학들의 모임 등에도 서밋이란 명칭을 사용한다.

3. 컨벤션의 분류

일반적으로 회의를 대표하는 컨벤션은 규모별, 주최기관별, 형태별로 분류할 수 있다.

그림 1-2 　컨벤션의 분류

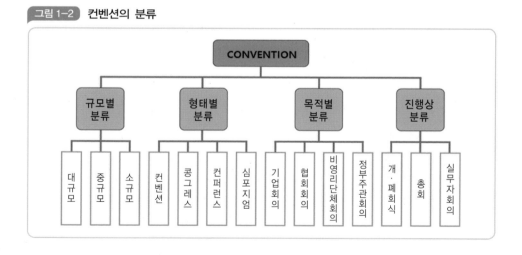

1) 주최기관에 따른 분류

컨벤션은 주최자의 특성에 따라 [표 1-3]처럼 분류할 수 있다.

[표 1-3] 주최자별 컨벤션 분류

회의 분류	주최자	참가자	주제
정부회의	정부, 정부산하 기관	정부, 준정부 기관 대표	국제/정치/사회/ 경제 문제
협회/학회 회의	각종 협회, 학회	협회, 학회 회원	학술적, 사회적 문제
기업회의	단일기업, 기업관련 조직	기업 내부직원/ 국내외 업계 인사	회사 경영에 관한 문제

(1) 정부회의(Government Meeting)

정부는 국제적인 현안 및 정책을 토의하기 위한 국가 간의 회의를 중심으로, 국내적으로 여러 가지 현안을 토의하고 지역주민과의 의견 수렴 등을 위한 회의를 개최한다. 그러므로 정부회의의 주제는 국제, 정치, 경제 및 사회문제를 주로 다루며, 참가자는 정부 및 준정부기관의 대표들이 주를 이룬다. 또한 고위급 정부회의의 경우, 의전 및 VIP 관리에 대한 외교적인 관례 및 엄격한 규칙을 기본으로 보안과 각국 대표들을 위한 세심한 준비 및 관리가 필요하다. 국내에서 개최된 대표적인 정부회의로는 ASEM(2000년), APEC(2005년) 및 G-20 정상회의 (2010년) 등을 들 수 있다.

(2) 협회회의(Association Meeting)

협회회의는 회원들을 위해 최신의 정보제공 및 다양한 만남의 장을 제공하는 것이 주된 목적이며, 아울러 협회의 재원확보의 일환으로 개최하며 회의에 대한 홍보를 통해 협회의 이미지를 향상시키는 데 있다.

개최시기는 보통 1년 1회 정기적으로 개최되며, 회의기간은 3~5일 정도이며, 자발적인 참가자가 대부분이다. 협회의 성격 및 규모, 예상 참가자 수, 전시회 유무 등에 따라 개최장소가 선정되며, 최근에는 여행을 목적으로 하는 가족 동반자의 증가로 리조트 등 개최지 매력도가 개최지 선정의 중요한 요인으로 작용한다. 일반적으로 참가여부는 회원 개인의 선택사항으로 참가비는 개인이 부담하며 비회원보다 저렴한 참가비를 책정한다.

협회회의의 종류는 협회총회, 연례회의, 지역별 회의, 임원회의 등의 정례적인 회의와 회원들을 위한 각종 세미나, 교육강연 및 워크숍 등의 학술회의를 들 수 있다. 협회회의의 대표적인 사례로는 ICCA총회, UN-WTO 세계총회, 세계치과의사협회 총회 등이 있다.

(3) 기업회의(Corporate Meeting)

기업회의는 세계적으로 가장 많이 개최되는 회의로 잠재성이 무궁무진하며, 기업회의의 영향력 및 성장속도는 컨벤션산업에서 결코 간과할 수 없는 중요한 시장으로 인식되고 있다. 기업회의는 영리를 추구하는 조직에서 특별한 니즈(needs)를 가지고 개최하는 모든 회의를 말하며, 기업회의의 개최목적은 다양한 회의의 종류만큼 다양한 목적을 갖고 있다. 내부적으로 종사원들의 사기진작 및 직무능력 향상의 목적부터 기업의 신상품 홍보 마케팅 및 고객관리 차원의 개최목적까지 다양하다.

기업회의는 판매회의, 경영자회의, 교육 및 훈련회의, 주주총회 및 신제품설명회, 딜러회의 등을 들 수 있으며, 사례로는 ○○은행 전국지점장전략회의, ○○전자 솔루션 세미나, 경영전략회의 등이 있다.

[표 1–4] 기업회의의 종류

판매회의 (Sales Meetings)	• 기업회의 중 가장 많이 알려진 회의로 주로 호텔에서 개최 • 목적: 판매실적회의, 신제품 소개, 판매기술 공유, 협동심 개발 등 • 규모나 개최시기가 다양. 지역별 혹은 국가별로 연대 개최하기도 함
신제품설명회 (New Product Introduction)	• 신상품 출시에 딜러, 유통업자 및 자사직원 등을 대상으로 개최 • 규모, 일수 및 형태가 다양하며 전시를 포함하기도 함 • 예산을 많이 배정함
교육훈련회의 (Training Meetings)	• 기업회의시장에서 가장 큰 시장으로 부각되고 있음 • 장소: 기업의 사무실/연수원, 기업시설 인근지역, 호텔이나 리조트 • 동일 장소에서 반복 개최되는 경우가 많아서 시설 측에는 중요 고객임
인센티브회의 (Incentive Meetings)	• 기업회의시장의 중요시장으로 고부가가치회의 • 직원들, 딜러나 고객을 대상으로 실적으로 포상하고 사기진작 및 동기부여를 위해 개최 • 회의가 포함되지만 최소한으로 제한하고 있는 반면, 관광이나 오락이 더 중요하므로 관광지를 선호함(인센티브관광과 겸함)
유통업자회의 (Distributors & Dealers Meetings)	• 기업회의 중 일인당 평균지출이 높은 회의 • 판매일선에 있는 유통업자를 대상으로 하는 마케팅활동 • 고객만큼 중요한 대상이므로 많은 예산을 배정함
경영자회의 (Management Meetings)	• 보통 소규모 회의로 정기적, 비정기적으로 다양한 목적으로 개최되는 회의 • 장소: 도심호텔, 리조트 등 다양하며 양질의 장소를 선정함
주주총회 (Stockholders Meetings)	• 개최기간은 1일로 간단한 프로그램으로 구성 • 장소는 기업이 위치한 도심중심부

출처: 지방공무원을 위한 국제회의 · 이벤트편람(2006)

기업회의는 필요할 때마다 개최되며 준비기간도 길지 않으며 규모도 몇 십명에서 몇 천 명까지 다양하며, 개최장소도 회사시설을 주로 이용하며 외부행사장 이용 시에는 접근성이 좋은 회의장을 선호한다. 기업회의는 협회회의와는 달리 대체적으로 개최지의 매력도는 중요하지 않지만, 인센티브 미팅(incentive meeting)의 경우는 개최지가 매우 중요한 기준이 된다. 참가자도 기업의 경영방침에 의해 의무적으로 참가하는 경우가 대부분이어서 회의의 규모를 쉽게 예측할 수 있으므로 그만큼 회의준비가 용이한 편이며, 소요경비도 회사에서 부담하는 것이 일반적이다.

2) 마이스산업(MICE Industry)

마이스산업은 1990년대 중반에 산업적으로 받아들여진 개념으로 싱가포르에서 처음 사용하였다. 마이스는 일반적인 회의인 Meetings(M), 보상 및 연수 등을 목적으로 기업에서 실시하는 Incentives(I), 국제기구, 협회 및 단체들이 주최하는 Conventions(C), 산업전시회 및 대중전시회인 Exhibition(E)의 앞글자를 모아서 만든 약어이다. 요즘에는 'E'에 Event를 포함하여 범위를 확대하는 추세이다.

그림 1-3 마이스산업의 개념

우리나라에서는 1990년대까지 국제회의란 용어를 공식적으로 사용하여 1997년 「국제회의산업 육성에 관한 법률」을 제정하였으며, 2000년대에 들어서면서 컨벤션이란 용어로 대체되어 2002년 '컨벤션기획사 2급 자격증'이 국가공인 자격증으로 선정되면서 대중적으로 사용되었다. 2000년대 중반 컨벤션 자리를 마이스 용어가 차지하면서 회의시장의 규모를 확대시켰다. 이와 관련하여 국내의 컨벤션관련 조직과 단체가 '컨벤션'에서 '마이스'로 명칭을 변경하였다. 한국관광공사의 컨벤션뷰로가 마이스본부로 변경되었으며, 한국컨벤션산업협회도 한국마이스협회로 명칭 변경과 함께 범위를 크게 확대하였다.

4. 컨벤션산업의 파급효과

컨벤션산업은 21세기의 대표적 고부가가치산업으로 세계적으로 많은 국가들이 적극적으로 육성하는 지식집약산업이다. 컨벤션산업은 관광 및 문화산업 등 다양한 산업들과 연계되어 있어서 관련 산업들과 동반성장할 수 있는 산업으로 산업의 긍정적인 파급효과에 주목해야 한다.

그림 1-4 컨벤션산업의 파급효과

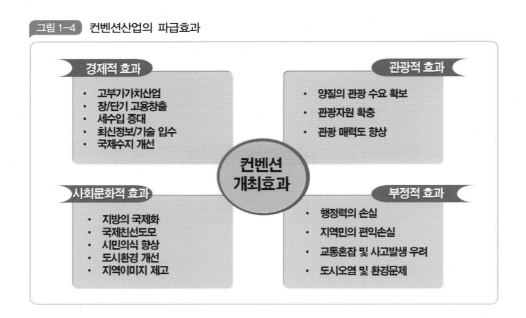

경제적 효과
- 고부가가치산업
- 장/단기 고용창출
- 세수입 증대
- 최신정보/기술 입수
- 국제수지 개선

관광적 효과
- 양질의 관광 수요 확보
- 관광자원 확충
- 관광 매력도 향상

컨벤션
개최효과

사회문화적 효과
- 지방의 국제화
- 국제친선도모
- 시민의식 향상
- 도시환경 개선
- 지역이미지 제고

부정적 효과
- 행정력의 손실
- 지역민의 편익손실
- 교통혼잡 및 사고발생 우려
- 도시오염 및 환경문제

1) 경제적 파급효과

컨벤션산업은 경제적 파급효과가 높은 고부가가치산업으로 컨벤션 주최자와 참가자들로부터 지출증대의 효과를 볼 수 있다. 컨벤션 주최자와 참가자들의 소비를 통한 직간접적인 경제 효과뿐만 아니라 개최도시와 국가에 세수증대로 인한 경제 활성화를 가져온다.

지자체나 정부는 컨벤션 이해관계자들에게 다양한 인프라와 행정서비스를 제공하고 이들로부터 세금을 거둬들인다. 컨벤션 개최와 참가자가 증가할수록 지역주민과 관련 산업의 활성화가 이루어지고 이들의 수입이 증가하면서 정부가 거둬들이는 세금이 증가하게 된다.

그리고 컨벤션 및 관련 산업의 장단기 고용을 창출시킬 수 있다. 컨벤션의 유치 및 개최를 통해 서비스분야의 높은 고용창출효과를 거둘 수 있으며, 컨벤션 개최 후에도 지역의 경제 활성화 효과를 통해 고용기회가 확대될 수 있다.

컨벤션산업은 직접적인 효과 외에도 최신 지식 및 기술습득의 기회를 제공하여 지역 혹은 국가 관련 산업의 발전을 도모하며 경쟁력을 강화시킬 수 있다. 또한 컨벤션은 참가자의 일정부분이 외국으로부터 유입되는데 이는 일반상품의 수출에 해당되는 것으로 외화의 유입으로 국제수지 개선이라는 긍정적인 효과를 가져온다(윤세목, 2004).

2) 관광적 측면의 파급효과

관광산업 측면에서 살펴본 컨벤션의 효과로는 첫째, 양질의 관광객을 유치하는 효과를 볼 수 있다. 컨벤션 참가자는 일반 관광객과 비교하여 1.8배의 지출 규모를 보이는 것으로 조사되었으며[3], 컨벤션 참가자들은 대부분 소속국가나 공동체에서 중요한 역할을 수행하는 오피니언 리더로서 참가자들의 구전에 의한 파급효과가 상당히 높다. 또한 컨벤션 참가자들은 일반 관광객보다 해당지역에 머무는 체재일수가 길며, 컨벤션은 관광보다는 계절의 영향을 덜 받기 때문에 관광의 비수기를 위한 타개책이 되기도 한다.

둘째, 컨벤션은 무형의 관광자원이어서 새로운 관광자원으로 개발시킬 수 있으므로 지역의 관광자원을 확충시키는 효과가 있다. 또한 컨벤션은 무형의 관광자원뿐만 아니라 컨벤션센터, 숙박시설, 교통 등 다양한 관광 인프라를 개발시킬 수 있는 기회를 제공한다.

셋째, 다양한 관광인프라 및 자원 개발로 인해 관광 매력도를 향상시키는 효과를 볼 수 있다. 해당 지역에 새로운 관광 이미지를 창출시키며 부정적인 이미지를 제거하여 지역의 이미지를 향상시키고 관광 목적지를 홍보하는 마케팅 도구로 활용할 수 있다.

---

3) 마이스 참가자 소비지출조사, 한국관광공사(2015)-1인당 소비지출액은 3,127달러(일반 관광객은 1,715달러)

3) 정치·사회·문화적 파급효과

컨벤션은 국제사회에서 개최국의 위상을 높이고 영향력을 증대시킬 뿐만 아니라 개최국을 홍보하는 중요한 역할을 수행한다.

그리고 컨벤션은 일정기간에 다양한 국가의 참가자들이 유입되므로 개최도시에 사회·문화적으로도 많은 영향을 미친다고 볼 수 있다. 지역민들의 의식이 향상되면서 외부인들을 위한 시민질서가 함양되고 외부문화에 대한 긍정적인 인식이 향상되며 국제적으로 친선의 기회를 도모할 수 있다. 사회의식과 함께 도시환경의 개선을 촉진시킬 수 있으며, 빈번한 미디어 노출을 통해 도시의 이미지를 강화시키는 도시 마케팅의 대표적 수단으로 활용되고, 지방의 국제화에도 긍정적인 효과를 증진시킬 수 있다.

4) 부정적인 파급효과

대규모 혹은 정부회의의 경우, 컨벤션 개최를 위한 인력이 동원됨으로써 일시적이지만 행정력이 손실되어 지역민의 편익에 대한 손실을 유발할 수 있다. 또한 컨벤션의 원활한 진행을 위해 교통 통제나 편의시설의 제한출입으로 인한 지역민의 불편을 초래할 수도 있다.

제2절 국내 컨벤션 개최현황

세계적으로 컨벤션 개최현황을 조사하는 기관으로는 국제회의연합(UIA)과 국제콩그레스컨벤션협회(ICCA)가 대표적이다.

UIA는 주로 정부와 국제기구가 여는 행사를 대상으로 하고, ICCA는 비정부기구나 민간협회가 여는 회의를 대상으로 하고 있다. 특히 ICCA는 UIA와 달리 단발성 행사나 개최지가 한 곳으로 고정된 행사를 집계에서 제외하고 있으며, UIA가 행사 규모를 비중있게 본다면 ICCA는 행사의 지속성에 무게를 더 두기 때문이다.

매년 통계자료를 살펴보면 통계기관의 개최건수와 순위에 차이가 발생하는데 이는 통계기관의 국제회의 기준이 다르기 때문이며, 통계는 통계일 뿐 결과를 확대 해석하는 오류를 범해서는 안 될 것이다.

2016년에는 한국과 서울이 세계 정상에 오르는 좋은 결과를 이루었지만, 양적인 성장보다는 질적인 성장이 중요함을 인식하여 향후 질적 성장을 위한 정책과 지원이 필요하다고 하겠다.

1. 국제협회연합(UIA) 기준 개최현황

UIA 기준에 따르면, 2016년 한 해 동안 전 세계에서 총 11,000건의 국제회의가 개최되었다(2015년 12,350건). UIA는 A, B, C 타입의 3가지로 분류하여 타입별 통계작업을 하고 있으며 A, A+B, A+C의 조합에 따른 다양한 통계결과를 보여주고 있다. 우리나라는 A+B 기준으로 된 자료를 활용하여 국제회의 개최현황과 성과를 파악하고 이를 근거로 관련 정책 및 사업계획을 수립하고 있다.

1) 세계 주요 국가 및 도시 국제회의 개최현황

우리나라는 A+B 기준으로 2016년 총 997건의 국제회의를 개최하여 세계 1위를 기록하였으며, 세계시장 점유율도 7.5%에서 9.5%로 상승하였다. 한국은 2014년 4위(636건), 2015년 2위(891건)에 이어 2016년엔 한 단계 상승한 세계 1위를 달성하였다.

[표 1-5] 주요 국가/도시별 국제회의 개최건수 및 순위

국가명	'16년 개최건수	3개년 순위			도시명	'16년 개최건수	3개년 순위		
		'16	'15	'14			'16	'15	'14
대한민국	997	1	2	4	브뤼셀	906	1	2	2
벨기에	953	2	3	2	싱가포르	888	2	1	1
싱가포르	888	3	4	3	서울	526	3	3	5
미국	702	4	1	1	파리	342	4	4	4
프랑스	523	5	6	6	비엔나	304	5	5	3
일본	523	5	5	5	도쿄	225	6	6	6
스페인	423	6	7	8	방콕	211	7	7	9
오스트리아	404	7	10	7	베를린	197	8	8	11
독일	390	8	8	9	바르셀로나	182	9	9	8
네덜란드	332	9	12	11	제네바	162	10	10	10

출처: UIA, International Meetings Statistics Report(매년 6월 발표자료 기준)

세계 도시별 개최 순위에서는, 서울이 브뤼셀(1위, 906건)과 싱가포르(2위, 888건)에 이어 2015년과 동일하게 세계 3위('16년 526건), 아시아 2위를 차지하였다. 부산은 14위(152건), 제주는 17위(116건), 인천은 30위(53건)를 기록하였다.

2) 아시아 태평양 주요 도시의 국제회의 개최현황

2016년 아시아 태평양 지역 중 국제회의 개최건수가 가장 많은 도시는 2015
년과 동일하게 싱가포르(888건)이고, 2위 서울(526건), 3위 도쿄(225건), 4위 방
콕(211건), 5위 두바이(158건), 6위가 부산(152건), 7위는 제주(116건), 8위 시드
니(72건) 순이다. 1위에서 4위까지의 도시들은 순위변동이 없었다.

[표 1-6] UIA 기준 아시아 태평양 주요 도시 국제회의 개최건수 현황(A+B)
(2016년 vs 2015년)

2016 순위	도시명	개최건수		증감현황		
		2016	2015	증감 수	증감률	순위 이동
1	싱가포르	888	736	▲ 152	20.7%	−
2	서울	526	494	▲ 32	6.5%	−
3	도쿄	225	249	▼ 24	−9.6%	−
4	방콕	211	242	▼ 31	−12.8%	−
5	두바이	158	128	▲ 30	23.4%	▲ 2
6	부산	152	150	▲ 2	1.3%	▼ 1
7	제주	116	112	▲ 4	3.6%	▲ 1
8	시드니	72	107	▼ 35	−32.7%	▲ 1
9	홍콩	67	49	▲ 18	36.7%	▲ 2
10	쿠알라룸푸르	60	140	▼ 80	−57.1%	▼ 4
11	베이징	56	42	▲ 14	33.3%	▲ 1
12	교토	53	56	▼ 3	−5.4%	▼ 2
	인천	53	19	▲ 34	178.9%	*

출처: Vol. 32, Global MICE Insight

전년대비 개최건수 증가율은 인천이 178.9%(▲34건)으로 가장 높았으며, 아
시아의 새로운 국제회의 목적지로 부상하는 것으로 보인다.

2. 국제콩그레스컨벤션협회(ICCA) 기준 개최현황

ICCA의 기준에 의하면, 2016년 국제회의는 2015년보다 136건 늘어난 총 1만 2천212건이 개최되었다.

1) 세계 주요 국가 국제회의 개최현황

국가별 순위에선 미국이 934건으로 압도적 1위를 차지하였고, 독일(689건)과 영국(582건), 프랑스(545건), 스페인(533건), 이탈리아(468건) 등 유럽 국가들이 강세를 보였다. 아시아 국가 중에선 중국과 일본이 가장 높은 순위인 공동 7위 (410건)를 기록하였다.

[표 1-7] UIA 및 ICCA 기준 국가/도시별 국제회의 개최건수 및 순위(2016)

국제협회연합(UIA) 기준					국제컨벤션협회(ICCA) 기준				
순위	국가	건	도시	건	순위	국가	건	도시	건
1위	**한국**	**997**	브뤼셀	906	1위	미국	934	파리	196
2위	벨기에	953	싱가포르	888	2위	독일	689	비엔나	186
3위	싱가포르	888	**서울**	**526**	3위	영국	582	바르셀로나	181
4위	미국	702	파리	342	4위	프랑스	545	베를린	176
5위	프랑스	523	비엔나	304	5위	스페인	533	런던	153
6위	(5위)일본	523	도쿄	225	6위	이탈리아	468	싱가포르	151
7위	스페인	423	방콕	211	7위	중국	410	암스테르담	144
8위	오스트리아	404	베를린	197		일본	410	마드리드	144
9위	독일	390	바르셀로나	182	9위	네덜란드	368	리스본	138
10위	네덜란드	332	제네바	162	13위	**한국**	**332**	(10위)서울	**137**

출처: 한국관광공사(2017)

2) 아시아 주요 도시의 국제회의 개최현황

도시별 순위에서는, 프랑스 파리(196건)가 1위를 차지하고 서울이 137건으로 10위를 기록한 가운데, 아시아 국가 중에선 싱가포르가 가장 높은 6위(151건)로 나타났다.

아시아에서는 싱가포르에 이어 2위 서울(137건), 3위 방콕(121건), 4위 베이징(113건), 5위 홍콩(99건), 6위 도쿄(95건) 순이다. 방콕과 베이징은 개최건수가 증가하면서 순위가 한 단계씩, 도쿄와 상하이는 두세 단계씩 상승하였다.

국내 도시 중에서는 부산(31건), 제주(30건)으로 각각 21위, 22위에 올랐으나 개최건수는 전년도 대비 감소하였다. 그 다음으로는 인천(16건, 37위), 대전(11건, 54위) 순으로 나타났다.

[표 1-8] ICCA 기준 아시아 주요 도시 국제회의 개최건수 현황(2016년 vs 2015년)

2016 순위	도시명	개최건수		2015~2016 증감 수	2015~2016 증감률(%)	2015~2016 순위 이동
		2016	2015			
1	싱가포르	151	156	▼ 5	-3.21	–
2	서울	137	117	▲ 20	+17.09	–
3	방콕	121	103	▲ 18	+17.48	▲ 1
4	베이징	113	95	▲ 18	+18.95	▲ 1
5	홍콩	99	112	▼ 13	-11.61	▼ 2
6	도쿄	95	80	▲ 15	+18.75	▲ 2
7	타이베이	83	90	▼ 7	-7.78	▼ 1
8	상하이	79	55	▲ 24	+43.64	▲ 3
9	쿠알라룸푸르	68	73	▼ 5	-6.85	–
10	시드니	61	86	▼ 25	-29.07	▼ 3
11	교토	58	45	▲ 13	+ 28.89	▲ 2
	멜버른	58	54	▲ 4	+7.41	▲ 1
13	두바이	52	56	▼ 4	-7.14	▼ 3
14	마닐라	46	41	▲ 5	+12.20	–

15	발리	43	40	▲ 3	+7.50	▲ 1
16	뉴델리	39	41	▼ 2	−4.88	▼ 2
17	마카오	37	28	▲ 9	+32.14	▲ 4
18	아부다비	36	35	▲ 1	+2.86	▼ 1
19	브리즈번	34	28	▲ 6	+21.43	▲ 2
20	오클랜드	33	28	▲ 5	+17.86	▲ 1
21	부산	31	34	▼ 3	−8.82	▼ 3
22	제주	30	34	▼ 4	−11.76	▼ 4
23	오사카	25	23	▲ 2	+8.70	▲ 2
24	콜롬보	23	14	▲ 9	+64.29	▲ 15
	후쿠오카	23	30	▼ 7	−23.33	▼ 4

- 중략 -

37	인천	16	N/A			
54	대전	11	21	▼ 10	−47.62	▼ 27
62	경주	9	5	▲ 4	+80.00	▲ 23
87	대구	6	17	▼ 11	−64.71	▼ 55

출처: Vol. 30, Global MICE Insight

제**3**절 컨벤션산업의 구성요소와 구조

1. 컨벤션산업의 구성요소

컨벤션산업을 구성하는 요소는 회의시설/회의장소, 박람회 및 전시자, 서비스 제공자, 개최자, 참가자, 컨벤션 전담기구, 컨벤션 기획가와 같이 직접적인 컨벤션에 관련된 역할자와 컨벤션에 간접적으로 연관되는 관광산업으로서 여행사, 숙박산업, 교통산업, 식음료산업, 오락산업, 인프라, 관광 유인물 등이 포함된다.

좁은 의미에서 컨벤션산업은 컨벤션에 직접 연관되는 산업만으로 규정하기도 하지만, 간접적으로 연관된 산업에 대한 고려 없이 컨벤션 개최가 원활하게 진행되는 것은 불가능하므로 보다 넓은 의미의 컨벤션산업을 고려하는 것이 필요하다.

그림 1-5 **컨벤션산업의 구성요소**

2. 컨벤션산업의 구조

컨벤션산업은 일반산업과 유사하게 공급자, 중간구매자, 최종구매자로 구성되어 있지만, 중간구매자와 최종구매자의 특성은 다른 양상을 띠고 있다.

공급자는 컨벤션을 개최하는 데 필요한 제반 시설과 서비스를 제공하는 산업으로, 시설산업(meeting facility industries), 구성산업(meeting composition industries), 지원산업(meeting support industries), 동반산업(meeting cluster industries)으로 나눌 수 있다.

중간구매자는 컨벤션 공급자로부터 시설이나 서비스를 구매하여 컨벤션 상품을 기획하는 자로서 회의 개최자나 기획자가 여기에 속한다. 최종구매자는 기획된 컨벤션을 최종적으로 구매하는 자로서 회의나 전시 혹은 박람회의 참가자를 의미한다.

그림 1-6 컨벤션산업의 구조

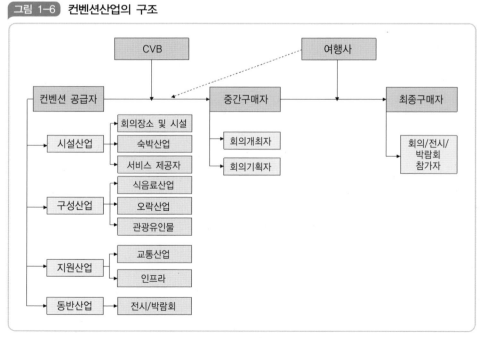

출처: 국제회의산업론(윤세목, 2004)

1) 컨벤션 공급자

(1) 시설산업(Meeting Facility Industries)

시설산업은 컨벤션센터와 같이 회의를 개최하는 데 필요한 회의장소나 시설, 참가자들이 숙박할 수 있는 숙박장소가 대표적이다. 그리고 회의장이나 전시장을 운영하는 데 필요한 물품과 서비스를 제공하는 서비스 제공업체도 포함한다.

컨벤션 서비스 제공업체는 구체적으로 통·번역업, 인력파견업, 여행사, 인쇄업, 기념품 제조업, A/V장비 임대업 등을 들 수 있으며, 업종별 관련 업무는 [표 1-9]와 같다.

[표 1-9] 컨벤션 서비스 제공자(Service Suppliers)의 분류

통·번역업	• 통·번역이 필요한 컨벤션에서는 통·번역의 질에 따라 회의의 성패가 결정되므로 매우 중요한 업무임 • 업무의 중요성으로 전문적인 업체를 선정하여 진행해야 함
인력파견업	• 컨벤션은 준비단계, 행사기간 동안 다양한 능력을 갖춘 인력들이 필요함 • 현장요원들은 인력수급업체나 주최 측이 직접 모집하여 확보하기도 함 • 업무의 효율성을 높이고 주최 측의 업무를 줄일 수 있도록 전체적인 인력수급을 전문업체에 위임하기도 함
A/V장비 임대업	• 회의 및 행사에 필요한 각종 시청각기자재를 임대, 현장운영서비스를 제공. 동시통역을 위한 부스 및 부속품도 포함 • 장비만 임차하는 경우와 장비와 인적 서비스를 함께 제공받는 경우가 있음 • 사무국을 비롯한 각종 부대시설에 필요한 사무용기기도 포함
디자인 및 인쇄업	• 컨벤션 CI를 비롯하여 다양한 디자인 업무가 필요하므로 전임 디자이너나 업체를 선정 • 컨벤션 준비 및 운영 전반에 걸쳐 많은 인쇄물이 필요하며, 특히 시간적 제한이 있어서 경험이 많은 업체를 선정하는 것이 유리함 • 디자인과 인쇄를 함께할 수 있는 업체를 선정하면 효율적인 예산관리 및 업무진행이 가능함
여행사	• 컨벤션의 관광프로그램, 동반자행사 및 셔틀버스 운행 등을 여행사에 위임하는 경우가 일반적임 • 관광관련 전문 여행사에 일임함으로써 프로그램의 질 및 만족도 향상이 가능하며, 주최 측이나 기획가의 업무를 덜 수 있음

장치 및 장식업	• 등록부스, 무대 등의 설치물을 제공하는 업체 • 현판, 현수막 등 컨벤션에 필요한 각종 장식물을 제공하는 업체
소도구 및 기념품 제조업	• 참가자에게 제공되는 필기구, 메모지, 등록가방 및 기념품을 전문으로 취급하는 업체 • 다양한 견본을 보유하고 있으며 가격 경쟁력이 있는 업체를 선정
사진 및 영상업	• 컨벤션을 기록하기 위해 사진이나 비디오 촬영 전문업체를 선정
기타 관련 서비스업	• 위의 서비스업체 외에도 무선통신업체, 경호 및 보안업체, 청소업체, 렌터카 업체 등

출처: 지방공무원을 위한 국제회의 · 이벤트편람(2006)을 기본으로 저자 재구성

(2) 구성산업(Meeting Composition Industries)

컨벤션산업에서 구성산업은 회의를 운영하는 부분에 해당한다. 회의나 전시회 프로그램의 기획 부분으로서 프로그램은 참가자를 위해 기획된 모든 행위라고 할 수 있다.

(3) 지원산업(Meeting Support Industries)

지원산업은 직접적으로 컨벤션을 개최하기 위해 필요한 시설과 서비스를 제공하지는 않지만 컨벤션이 원활하게 진행되기 위하여 필요한 산업이다. 즉 컨벤션 참가자들이 개최장소에 접근할 수 있도록 하는 교통산업이나 전기 및 인터넷과 같은 사회기반시설, 행정서비스 등이 이에 포함된다.

(4) 동반산업(Meeting Cluster Industries)

동반산업은 컨벤션에 부수적으로 혹은 독립적으로 개최되는 전시회를 의미한다. 전시회는 컨벤션과 독립적인 경향을 보이지만, 컨벤션과 많은 연관관계를 가지고 있다. 전시회 등에서 학술회의나 일반회의를 개최하는 경우도 증가하고 있어서 상호 간의 이해를 증진시키고 있다.

2) 중간구매자

컨벤션산업에서 중간구매자는 회의개최자와 회의기획자에 해당하며 컨벤션산업에서 핵심적인 역할을 수행한다. 중간구매자가 최종구매자의 욕구나 필요를 충족하기 위한 컨벤션을 기획하고 제공하기 위하여 공급산업의 시설과 서비스를 구매하기 때문에 컨벤션 공급자의 주요 고객이다.

중간구매자는 컨벤션산업을 구성하는 공급자와 최종구매자를 연결시킴으로써 컨벤션산업의 형성과 발전을 가능하게 하는 역할을 수행한다.

회의개최자는 자체적으로 회의기획자를 두어 회의개최자가 동시에 회의기획자가 되기도 하고, 전문적인 회의기획자에게 회의 기획 및 운영을 의뢰하여 기획 · 운영하기도 한다.

3) 최종구매자

컨벤션산업에서 최종구매자는 참가자를 의미한다. 이들은 컨벤션이나 전시회 등에 직접 참가하는 자이며, 참가비를 지불할 수도 있고 지불하지 않을 수도 있다.

최종구매자는 컨벤션 혹은 전시회를 구성하는 중요한 축을 형성하고 있으며, 회의 성패의 궁극적인 기준은 회의의 목적달성에 있지만 또 다른 기준은 회의 참가자의 욕구나 필요의 만족과 참가자의 수와 질에 달려 있기 때문이다. 즉 참가자가 없는 회의나 전시회는 존재하지 않는다.

4) 중간자

중간자는 공급자와 중간구매자 사이 혹은 중간구매자와 최종구매자 사이를 효과적으로 연결시켜 촉매 역할을 한다. 컨벤션 전담기구와 여행사가 이에 포함된다.

컨벤션전담기구(CVB, Convention & Visitors Bureau)는 컨벤션 공급자·회의 개최자·기획자와 같은 중간구매자에게 연결시켜 주는 역할을 하여, 해당 지역에서 컨벤션이 개최될 수 있도록 지원한다.

여행사는 회의기획자나 개최자를 공급자에게 연결시키는 역할을 하며, 회의나 전시회 같은 상품을 참가자에게 연결하여 주는 역할도 수행한다.

〈그림 1-6〉과 같이 컨벤션 전담기구는 컨벤션 공급자와 중간구매자 사이를, 여행사는 공급자와 중간구매자, 중간구매자와 최종구매자 사이를 연결한다.

3. 컨벤션 기획가

1) 컨벤션 기획가의 정의

일반적으로 회의기획자(Meeting Planner) 또는 컨벤션 기획가(PCO, Professional Convention Organizer)는 회의 유치부터 기획·운영·실행·평가에 이르기까지 모든 업무를 총괄하는 역할을 하는 컨벤션산업의 핵심적인 인력을 말한다. 최근에는 회의기획회사를 PCO라고 총칭하기도 한다.

회의기획자가 컨벤션기획사의 개념보다는 광범위하나, 일반적으로 컨벤션을 기획하는 기획자들을 말하며, 병행해서 사용되고 있다.

2) 컨벤션 기획가의 유형

회의기획자는 협회에 소속되어 있는 협회소속 기획자(In-house Meeting Planner)와 독립적으로 활동하는 전문회의기획자(Professional Meeting Planner)로 나눌 수 있다.

컨벤션 개최조직에 컨벤션관련 업무를 수행할 수 있는 기획가가 있는 경우에는 별도의 기획사를 두지 않고 자체적으로 컨벤션을 계획하고 운영하기도 한다.

이런 시스템은 개최조직의 규모가 크고 인력이 많은 경우이거나, 개최조직이 단일 조직인 경우에 가능하다.

반면에 컨벤션 개최조직에서 전문인력을 보유할 수 없는 상황이거나 여러 기관이나 단체가 합동으로 조직을 구성하는 경우, PCO나 전문가를 프리랜서로 고용하여 업무를 진행하기도 한다. 대규모 회의인 경우, 투입되는 PCO는 별도의 대행비를 받고 전체업무를 계획하고 운영한다.

그림 1-7 **컨벤션 기획가의 유형**

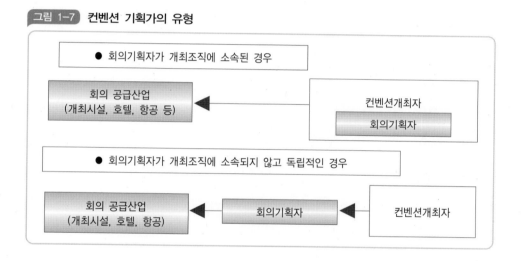

3) 컨벤션기획사(PCO)의 유형

일반적으로 컨벤션 기획가는 PCO라고 하는데 PCO도 세분화할 수 있다.

첫째, Core PCO는 in-house PCO의 개념으로, 주최자의 결정에 영향을 주고 장기간 협력하는 파트너이다. 일정한 통제권을 가지며 컨벤션 개최지에 상관없이 컨벤션 기획자로서의 주요 역할을 수행한다. 컨벤션을 다수 개최하는 기관이나 기업의 경우, 특정 Core PCO가 파트너로 정해져 있다.

둘째, Local PCO로 해당 국가나 도시로 유치된 컨벤션의 세부업무를 준비하고 실행한다. Core PCO가 있는 컨벤션의 경우, 회의장 세팅, 숙박, 관광 및 인력조달 등 주로 현지사정에 밝아야 하는 업무를 중점적으로 진행하며, 국내 PCO

의 대부분이 이에 속한다.

셋째, AMC(Association Management Company)는 협회 관리업무를 대행하는 서비스를 제공하는 기업이다. 협회의 전반적인 운영업무를 대행하는 것으로 업무의 범위가 정치적인 로비업무, 통계 리서치 및 인증업무 등으로 확장되기도 한다. 국내의 경우, 신규시장으로 인지도가 낮고 수요가 많지 않아서 전문업체가 극소수이다.

넷째, DMC(Destination Management Company)는 행사, 프로그램, 관광 및 수송 등에 대한 서비스를 제공하는 지역업체를 뜻한다. Local PCO나 여행사가 업무를 수행하는 경우가 대부분이다.

4) 컨벤션 기획가의 업무

(1) 기획업무

기획업무에서는 개최지 후보 조건파악 및 선정, 회의관련시설의 검토 및 계약업무를 진행하며 구체적인 업무는 다음과 같다.
① 회의프로그램의 기획 및 스케줄 조정
② 예산구성 및 스폰서 제안
③ 회의참가자 홍보
④ 초청연사, 발표자, 패널 등의 섭외와 일정조정
⑤ 등록 및 각종 업무절차 확정 등

(2) 실행업무

실행업무에서는 기획된 내용을 실행·운영하는 단계로써 아래와 같은 업무를 담당한다.
① 참가자 등록
② 인력의 고용 및 배치, 운영

③ 참가자 숙박업무 및 회의장 세팅

④ 주요 인사 연락 및 의전

⑤ 회의의 운영 및 사교행사 진행

⑥ 개최자, 참가자 및 시설 등과의 커뮤니케이션

(3) 사후(마무리) 업무

마무리 업무에서는 앞에서 실행·운영한 회의를 마무리하는 단계로서, 회의의 평가, 각 부문별 정산실시, 감사서신 발송, 결과보고서 작성 및 사진, 영상물 등 기록물 정리, 보관업무가 있다.

5) 컨벤션 기획가의 필요능력

컨벤션 기획가는 회의를 효과적으로 기획하고 조직하기 위하여 다양한 능력이 필요하다. 컨벤션은 워낙 다양하고 많은 분야가 복잡하게 얽혀 있으며, 다양한 참가자를 대상으로 서비스를 제공하기 때문에 회의기획과 운영에 관한 능력뿐만 아니라 서비스마인드, 네트워킹 등 각 분야에 걸친 능력이 요구된다.

(1) 기획력(Planning)

회의의 목적 설정과 이를 수행할 수 있는 세부 활동계획을 수립하고 이를 효율적으로 수행할 수 있는 능력을 말한다.

(2) 네트워킹(Networking)

많은 사람을 만나서 업무를 처리하므로 폭넓은 유대관계가 필요하다. 또한 컨벤션 유치 등의 업무에도 각 분야의 넓은 인맥관계는 성공적인 회의유치와 운영을 위해 꼭 필요한 능력이다.

(3) 외국어능력 및 외국문화에 대한 이해

컨벤션에 참가하는 각국의 참가자들과 대화하고 그들의 욕구를 파악하기 위해서는 높은 수준의 외국어 능력이 필요하다. 또한 참가자들은 다양한 국적과 문화를 가지고 있으므로 각국의 문화에 대한 폭넓은 지식이 요구된다.

(4) 서비스마인드(Service Mind)

컨벤션 기획업무는 참가자에게 수준 높은 서비스를 제공하는 서비스분야이다. 참가자 또는 서비스 제공자의 입장에서 언제나 밝고 친절하게 서비스를 한다는 자세로 임해야 한다.

(5) 협상력(Bargaining Power)

컨벤션 기획가는 높은 지위의 주최자부터 호텔의 기술요원까지 다양한 사람들과 접하게 된다. 회의를 유치할 때부터 실행·운영에 이르기까지 많은 부분들을 얻어내고 양보해야 한다. 최고의 회의를 만들기 위해 상대방의 적극적인 지원을 얻어내고 조정할 수 있는 협상기술이 필요하다.

(6) 리더십(Leadership)

컨벤션 기획가는 회의운영 시 많은 구성원들과 함께 일하게 된다. 등록, 숙박, 회의진행과 관련된 사람들뿐만 아니라 사교행사 출연팀, 영상, 식음료팀 등 수많은 구성원들을 공동의 목표를 향하여 갈 수 있도록 현장에서 조율하고 추진해 나갈 수 있는 강한 리더십이 필요하다.

(7) 커뮤니케이션능력(Communication Skills)

언어능력 외에 주최자와 참가자, 운영요원, 서비스 제공자 등과 원활한 의사소통이 이루어지게 하는 능력도 필요하다. 이는 단순한 외국어능력 이상의 의미

를 가지며, 총체적인 의사전달의 흐름이 매끄럽게 조종될 수 있는 능력이라고
볼 수 있다.

(8) 문제해결능력

문제해결능력은 과거경험에 대한 체계적인 접근을 통하여 이루어진다. 과거
에 경험했던 문제와 그 해결방안을 기록해 둠으로써, 비슷한 상황에 처했을 때
대처하거나 사전에 예방할 수 있다. 컨벤션 개최 중에는 여러 가지 돌발상황이
발생할 수 있으므로, 이에 침착하게 대응할 수 있는 능력이 필요하다.

그림 1-8 컨벤션 기획가의 필요능력과 자질

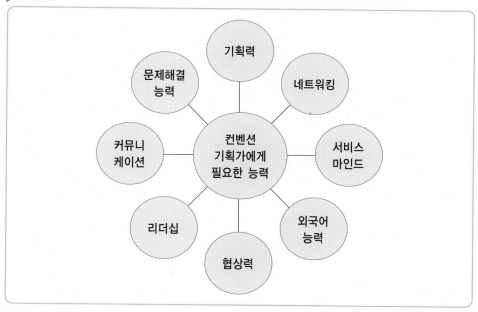

기획과 기획과정

컨 · 벤 · 션 · 기 · 획 · 실 · 무

제 2 장 기획과 기획과정

기획의 개념에 대하여 이해한다.
기획의 속성과 분류에 대하여 학습한다.
기획서 작성법을 학습한다.

제 1 절 기획의 개념 및 분류

1. 기획의 개념

1) 기획의 정의

사전적인 정의로 기획이란 '企(일으킬) + 劃(글)'로 '어떤 일을 꾸며 계획한다'라는 개념으로 아이디어를 글이나 그림으로 표현하는 것이며, 더 나아가 어떤 과제나 문제의 해결방안을 제시하는 것이라고 정의할 수 있다.

아이디어를 실현하거나 목표를 정하고 도달하기까지의 구성, 제안 등의 모든 절차를 의미하기도 하며, 정보와 아이디어를 바탕으로 새로운 생각을 창출하기 위한 지적 작업이라고 할 수 있다.

기획은 개인적인 차원에서 자신의 행동을 통하여 보다 훌륭하고 뛰어난 성과를 얻기 위한 지혜(지적 생산의 종합기술)나 지혜를 활용한 창조행위라 할 수 있으며, 조직적 차원에서는 조직활동을 통하여 실적을 향상시키기 위한 지혜 혹은 지혜를 활용한 창조행위라고 할 수 있다.

학자들의 정의를 살펴보면, Dror(1963)는 기획이란 적절한 수단을 통해 목표를 달성하기 위한 미래의 가치에 대한 일단의 결정을 준비하는 과정이라 하였고, Gilbert & Spect(1977)는 통찰력, 계획적인 사고, 조사를 통해서 문제를 해결하고 앞으로 발생할 문제를 해결하기 위한 의도적인 시도이며, 다양한 행동 노선 중에서 어떤 노선을 취할 것인가에 대한 가치선호를 행사하는 것이라고 정의 내렸다. 또한 Skidmore(1995)는 목적과 표적물을 기대하는 과정이고 목적과 기대에 도달하기 위해 하나의 계획을 준비하는 과정을 기획이라고 하였다.

각 개인이 가지고 있는 정보, 지식, 경험을 활용하여 논리적이고 창의적이며 현실성 있는 기획을 하도록 사고를 전환시키는 것이 기획의 첫 걸음이다. 어떤 대상에 대해 그 대상의 변화를 가져올 목적을 확인하고, 그 목적을 성취하는 데에 가장 적합한 행동을 설계하는 것을 의미한다. 이에 대해 계획(plan)은 기획을 통해 산출된 결과를 의미하며, 사업계획(program)과 단위사업계획(project)은 계획의 하위개념으로 볼 수 있다.

〈그림 2-1〉과 같이 기획과정을 요리와 비교하여 기획의 프로세스를 정리하여 보면 기획과정에 대한 이해가 쉬울 것이다.

그림 2-1 **기획과정 Process**

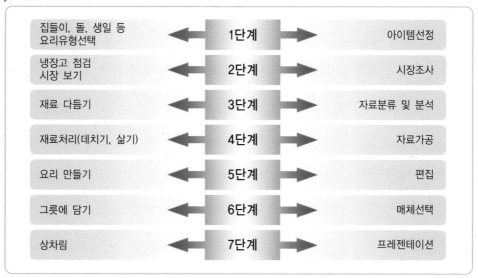

집들이, 돌, 생일 등 요리유형선택	◀ 1단계 ▶	아이템선정
냉장고 점검 시장 보기	◀ 2단계 ▶	시장조사
재료 다듬기	◀ 3단계 ▶	자료분류 및 분석
재료처리(데치기, 삶기)	◀ 4단계 ▶	자료가공
요리 만들기	◀ 5단계 ▶	편집
그릇에 담기	◀ 6단계 ▶	매체선택
상차림	◀ 7단계 ▶	프레젠테이션

출처: 이용갑플랜테이션연구소(2003)

그리고 기획의 목적을 기반으로 한 기획의 정의는 [표 2-1]과 같다.

[표 2-1] 기획의 목적에 따른 기획의 정의

기획 (Planning)	어떤 종류의 변화를 제안하는 것, 실제로 변화를 불러일으키는 것
	특정상황에 적합한 구체적인 해결책을 창조하거나 재구성하는 목표 지향적인 행동
	예정된 행동을 설명하는 일련의 유기적인 시스템
	목적달성을 위한 자원의 결합방식을 결정하는 행위
	지식이나 경험을 재가공하여 새로운 행동을 낳기 위한 유효한 정보를 만들어내는 작업
	어떤 과제에 의거하여 그 과제를 달성하기 위해 해야 할 업무의 이미지를 묘사하고, 전체 또는 세부에 걸친 구상을 다듬고 한데 모아 제안할 때, 그 제안내용 및 제안을 정리하기까지 이르는 작업과정
	정보와 아이디어를 바탕으로 새로운 생각을 창출하기 위한 지적 작업
	문제 발견 → 문제 형성 → 행동화에 이르는 일련의 시스템을 만들어가는 작업

출처: http://kiyoo.tistory.com/550

2) 기획과 계획의 차이

일상에서 기획이라는 말보다는 계획이 친숙하기 때문에 두 용어를 구분하지 않고 사용하는 경우가 흔하다. 완전한 합의가 이루어지지는 않았지만 일반적으로 계획하는 과정을 기획이라고 한다. 이는 plan을 계획으로, planning을 기획으로 번역하고 있어, 기획은 계획을 수립하고 집행하는 과정이며 계획은 기획을 통해 산출(output)된 결과(end-result)라는 것이다.

사업계획(program)은 대단위 복합적 계획이며, 세부사업계획(project)는 사업계획의 하위체계로 단위사업계획을 뜻한다. 예를 들어 사업계획은 소양강유역 수자원 개발사업, 프로젝트는 소양강댐 건설사업을 들 수 있다(이병철, 2012).

(1) 기획(Planning)

과제나 목표를 달성하기 위하여 정보와 아이디어를 바탕으로 구상하고 진행하는 과정으로, 현실성, 논리성 및 창의성이 중요하다. 예를 들어 '무엇을 할 것인가?' '무엇을 할 수 있나?' '무엇을 만들 것인가?' 및 '무엇을 하지 않으면 안 되나?' 등에 해당된다.

(2) 계획(Plan)

계획이란 잘 되도록 미리 생각해서 정한 것으로 '업무의 방법, 양과 질'을 결정하고 'How to do'에 해당되며 논리성 및 현실성이 필요하다. 또한 어떤 일을 실행하기 전에 방법, 순서, 규모 등을 미리 생각하여 세운 내용을 의미한다. 예를 들면 '어떻게 할 것인가?' '어떤 수단으로 할 것인가?' 및 '어떤 방법이 가능한가?' 등에 해당된다.

그림 2-2 기획과 계획의 비교

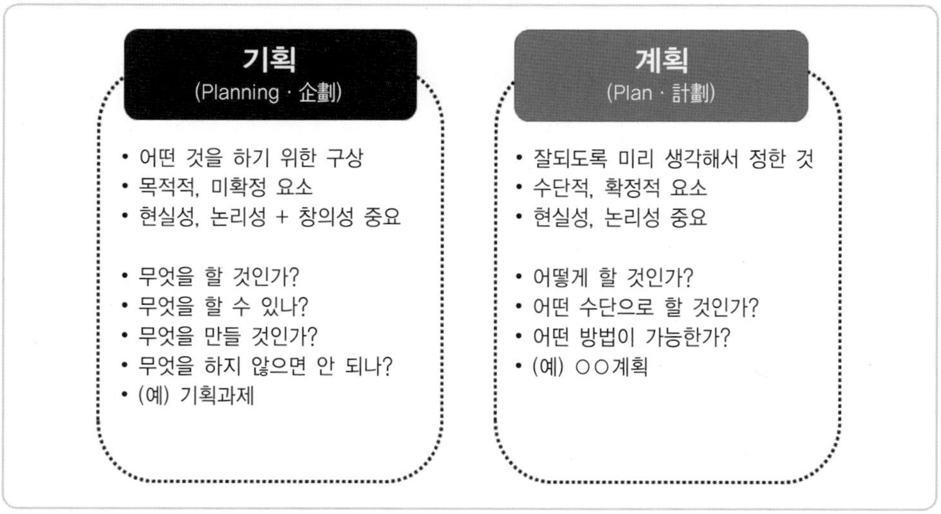

기획 (Planning · 企劃)	계획 (Plan · 計劃)
• 어떤 것을 하기 위한 구상 • 목적적, 미확정 요소 • 현실성, 논리성 + 창의성 중요 • 무엇을 할 것인가? • 무엇을 할 수 있나? • 무엇을 만들 것인가? • 무엇을 하지 않으면 안 되나? • (예) 기획과제	• 잘되도록 미리 생각해서 정한 것 • 수단적, 확정적 요소 • 현실성, 논리성 중요 • 어떻게 할 것인가? • 어떤 수단으로 할 것인가? • 어떤 방법이 가능한가? • (예) ○○계획

출처: http://kiyoo.tistory.com/550 참고하여 저자 재구성

3) 기획가가 되기 위한 필요역량

훌륭한 기획가가 되기 위해서는 아래와 같은 7가지 역량을 갖추어야 한다.

(1) 문제인식능력

가장 기본적으로 문제를 찾아내는 역량이 필요하다. 항상 현재의 상황을 분석하고 비판하는 의식을 갖추고 다양한 분야에 대한 호기심이 왕성하면 문제의식을 갖게 된다. 문제인식을 통해 명확한 목표와 목적을 설정할 수 있다.

(2) 정보수집능력

기획에 필요한 정보수집능력과 더불어 수집된 정보의 본질을 파악하는 역량이 필요하다. 수집된 정보의 사실과 추측을 구분할 수 있어야 하며, 정보의 필요 여부를 판단할 수 있어야 한다. 또한 정보 간의 관계를 파악하고 정보에 내포되어 있는 의미를 파악할 수 있는 능력이 필요하다. 즉 내용과 관련된 모든 정보를 깊이 알 필요는 없지만, 그것들을 설명할 수 있는 자료들의 근거 및 출처 등을 알고 있어야 하며 신속히 찾아내야 한다.

(3) 분석력

아무리 조사능력이 뛰어나서 자료를 많이 확보한다고 해도 그중에서 핵심사항을 도출하지 못한다면 자료의 양은 무의미해진다. 진행과정 중에 나타난 현상을 파악하고 핵심 원인 및 문제를 정의하는 역량이 요구된다. 즉 정보와 정보 사이의 눈에 띄지 않는 연관성을 찾아내어 시사점을 추출할 수 있는 능력이 필요하다.

(4) 계획력

아이디어와 정보를 바탕으로 기획하는 역량이 요구된다. 적절한 일정계획수립과 필요한 자원의 배분 및 대응능력도 필요하며, 진행과정 중에서 필요한 체크포인트를 명확히 인지할 수 있어야 한다.

(5) 구상화능력

수집된 정보를 목표에 맞추어 전체적으로 파악하고 연결하는 역량과 각 정보의 연결성을 이해할 수 있어야 한다. 그리고 한 장으로 도식화하고 새로운 아이디어를 구체화시킬 수 있는 능력이 필요하다. 추가적으로 실현가능성 여부를 검토할 수 있어야 한다.

(6) 설득력

실행단계에서 내부 관계자들을 설득하는 역량이 필요하다. 즉 설득력 있게 논리를 전개하며 쓰는 이야기 전개(storytelling)능력이 필요하다. 내부관계자의 직급 및 직무별 설득 포인트를 찾아내서 차별화시켜야 하며, 적절한 보고 타이밍을 맞출 수 있어야 한다. 진행 중에 발생할 수 있는 예측 가능한 우려 사항에 대한 방안을 제시할 수 있어야 하며, 관계자들 각각의 특성을 고려하여 대처할 수 있는 능력을 갖추어야 한다.

(7) 문서작성능력(쓰기능력)

아무리 좋은 기획, 좋은 아이디어라도 문서화되어 구체화되지 않으면 아무 소용이 없다. 기획의 목적, 방법을 적절하게 표현하는 역량이 요구된다. 알맞은 문장 구사능력이 필요하며, 높은 가독성과 이해력을 위해 시각적인 도표나 이미지를 적절히 활용할 수 있어야 한다.

우수한 쓰기능력을 배양하기 위해서는 무엇보다도 잘된 기획서를 많이 보고 흉내 내어 써보는 것이 필요하다. 무조건 많이 보고 많이 써보는 것이 중요하다.(www. kimdirector.co.kr)

2. 기획의 분류

1) 기획의 구분[4]

기획은 전략기획, 부문기획 및 업무기획의 3가지로 구분할 수 있다.

그림 2-3 기획의 구분

전략기획 ▸ 부문기획 ▸ 업무기획

- 방향 설정
- 중장기 진행

- 전략기획의 집행적 측면
- 수단을 구체화
- 연구개발기획

- 상황에 대응
- 부분적, 단기적
- 실시기획

(1) 전략기획

전략기획은 경영의 구조를 바꾸어 미래의 방향을 새롭게 결정하는 기획으로 최고 경영자의 방침과 직접 관련된 기획이다. 일반적으로 중장기에 걸쳐 진행되며 경영 전반에 폭넓게 영향을 끼친다.

(2) 부문기획

부문기획은 전략기획의 집행적 측면을 갖는 기획으로, 전략기획과 유기적인 관계를 유지하면서 부문별, 기능별 수단을 구체화한다. 대표적인 예로 연구개발기획, 제품판매 기획, 설비기획, 물류기획, 재무기획, 정보시스템 기획 및 인사기획 등을 들 수 있다.

---

4) 이영곤, 전략적 사고 기획프로세스(2013)

(3) 업무기획

일상 업무 중에 나타나는 상황과 조건변화에 대응하는 기획으로서, 구성원 각자의 문제의식과 직접 관련되는 기획이다. 또한 부분적, 단기적 및 비일상적인 성격을 띠므로 실시기획이라고도 한다.

2) 기획의 분류

(1) 기획의 목적에 따른 분류

기획은 기획목적에 따라 창조형, 개선형, 영업형 및 실시형으로 구분할 수 있다. 창조형 기획은 신상품, 신규 사업 또는 신규 시스템 등 새로운 것을 만드는데 필요한 기획이다. 개선형 기획은 현재의 업무 시스템이나 현상에 대한 개혁이 필요할 때 진행하는 기획이다. 고객을 대상으로 상품 및 사업 등을 판매하기위하여 필요한 것은 영업형 기획이며, 이벤트나 행사 등을 개최하기 위해 필요한 것은 실시형 기획이다.

[표 2-2] 기획의 목적에 따른 분류

구분	내용
창조형 기획	신상품과 신규사업, 신규 시스템 등 새로운 것을 만드는 기획
개선형 기획	현재 업무 시스템이나 현상의 개혁에 관한 기획
영업형 기획	상품과 사업 등을 고객에게 판매하기 위한 기획
실시형 기획	이벤트나 행사를 실시하기 위한 기획

(2) 기획의 시점에 따른 분류

기획의 시점에 따라 정리형 기획과 예측형 기획으로 분류할 수 있다. 정리형 기획은 과거를 기준으로 이미 진행되었던 일을 대상으로 현황을 정리하고 분석하는 경우에 해당된다. 반면에 예측형 기획은 현재를 기준으로 향후 미래에 진행될 일에 대하여 예상하는 것이다.

[표 2-3] 기획의 시점에 따른 분류

구분	내용
정리형 기획	과거를 기준으로 이미 진행된 일에 대해 현황을 정리하고 분석하는 경우
예측형 기획	현재를 기준으로 앞으로 진행될 일에 대해 예상하는 경우

(3) 기획의 동기에 따른 분류

기획은 동기에 따라 지시형, 동기형 및 제안형으로 구분할 수 있다.

[표 2-4] 기획의 동기에 따른 분류

구분	내용
지시형 기획	상사가 부하 직원에게 과제를 지시하고 기획을 요구하는 경우
동기형 기획	사원 스스로가 문제의식을 느끼고, 자발적으로 작성하는 경우
제안형 기획	영업활동의 일환으로 고객에게 사업, 상품 등을 제안하는 경우

(4) 기획의 기간에 따른 분류

기획은 기간의 장단에 따라 단기계획, 중기계획 및 장기계획으로 구분할 수 있다(권영찬, 1985). 실제로 계획기간을 설정하기 위해서는 국내외적인 상황과 여건, 미래예측의 기법개발과 타당하고 정확한 장기계획을 수립할 수 있는 기획역량, 계획의 수립목적 및 용도 등을 감안하여 결정해야 한다.

[표 2-5] 기획의 기간에 따른 분류

구분	내용
단기계획 (Shot-term plan)	• 일반적으로 3년 미만의 계획 • 장점: 계획과 현실 간의 괴리가 적어 실현가능성(feasibility)이 높음 • 단점: 장기적인 조망 아래 구조적인 변동이나 획기적인 발전을 기대하기 힘듦 • (예) 연차계획(annual plan): 중·장기계획을 집행하기 위한 운영계획(operative plan)의 성격을 띠며, 예산과 연결된 구체적인 실천계획의 역할을 수행
중기계획 (Medium-term plan)	• 3~7년을 대상기간으로 하는 계획으로 5개년 계획이 일반적임 • 장기계획을 위한 실제적인 목표를 설정, 단기계획에 대한 기준이나 지침을 제공 • (예) 정부나 지방자치단체의 중기 지방재정계획
장기계획 (Long-term plan)	• 대체로 10년 내지 20년에 걸친 계획기간 • 실제로 계획보다는 전망(perspective)의 성격이 강하고 기본방향과 지침을 제시 • 일반적으로 여러 개의 중기, 단기계획으로 세분하여 집행함 • 장점: 장기적인 발전전망과 비전을 중심으로 구조적인 변화와 지속적인 개발을 추진할 수 있음 • 단점: 구체성이 결여, 집행계획으로서의 실용성(practicality)이 약하고, 계획기간이 경과함에 따라 실제와 괴리되기 쉬움

(5) 기업경영분야별 분류

기업은 다양한 업무를 수행하는 부서로 조직이 구성되어 있다. 상품 개발, 판매 및 사업수행을 위해 다양한 업무가 진행되며 이에 따른 기획이 필요하다. 경영기획을 중심으로 사업 및 상품기획, 마케팅 기획, 영업기획, 인사기획 등 다양한 기획이 있다.

[표 2-6] 기업경영의 분야별 분류

구분	내용
경영기획	기업의 성장이나 경영기반의 안정을 위해 전사적인 목표를 설정하고 이를 달성하여 조직을 발전시켜 나가는 전략을 목적으로 하는 기획
사업기획	기업이 대내·외 환경변화에 대응하여 존속 및 생존을 위한 유망사업 분야의 개척에 필요한 기획
상품기획	기업의 수익증대나 시장참여 등을 목적으로 물건이나 서비스를 창조하기 위한 기획
마케팅 기획	상품의 개발, 생산, 유통의 시스템을 구축하여 시장을 창출하기 위한 기획

판촉기획	특정 상품의 매출향상을 위하여 판매활동을 지원하기 위한 기획
영업기획	매출목표의 달성을 위하여 구체적인 행동계획을 수립하는 기획
광고기획	미디어를 통해 기업이나 상품 등에 관한 정보를 널리 전파함으로써 상품의 구매의욕을 높이기 위한 기획
전시회기획	기업이 특정기간에 특정장소에서 상품이나 서비스를 직접 프레젠테이션하여 상품수주나 판매 확장으로 연결하기 위한 기획
조사기획	특정의 테마를 해결하기 위해서 조사의 기법과 사전준비를 설계하는 기획
인사기획	인재의 확보, 육성, 활용에 관하여 효율적 시스템을 구축하기 위한 기획
연수기획	인재육성을 위한 프로그램을 개발하는 기획

3. 기획의 준비단계

1) 기획의 구성요소

기획의 구성요소는 과제, 분석, 전략, 목표 및 계획으로 요소별 내용은 다음과 같다.

(1) 과제(Project)

과제는 애초부터 명확하게 주어지는 경우도 있으나 대체적으로 약간 막연한 (광범위한) 상태로 주어지는 경우가 많으며, 주어진 과제를 정확히 파악하여 핵심과제 등을 분류하는 사고과정이 필요하다.

(2) 분석(Analysis)

조사 및 분석은 과제를 형성하는 내용들이 어떠한 상황인지를 조사하고 이를 평가 분석하는 과정으로, 적절한 분석방법 및 그래프/차트 등의 표현기법이 필요하다.

(3) 전략(Strategy)

전략은 주어진 과제를 해결 또는 실현하기 위한 방법을 모색하는 과정으로 기획의 핵심을 이루는 부분이며, 이 과정의 수준에 따라 기획의 질이 좌우되므로 매우 중요하다.

(4) 목표(Goal)

기획의 궁극적인 종착역으로서 전략을 실행한 결과물 혹은 현대적 전략기획에서의 접근법인 전략실행을 위한 이상체를 의미한다.

(5) 계획(Plan)

목표까지의 전략을 실행하기 위한 구체적 계획으로, 일정, 인력조직, 자금, 운영 등의 계획이 필수적이다.

그림 2-4 기획의 구성요소

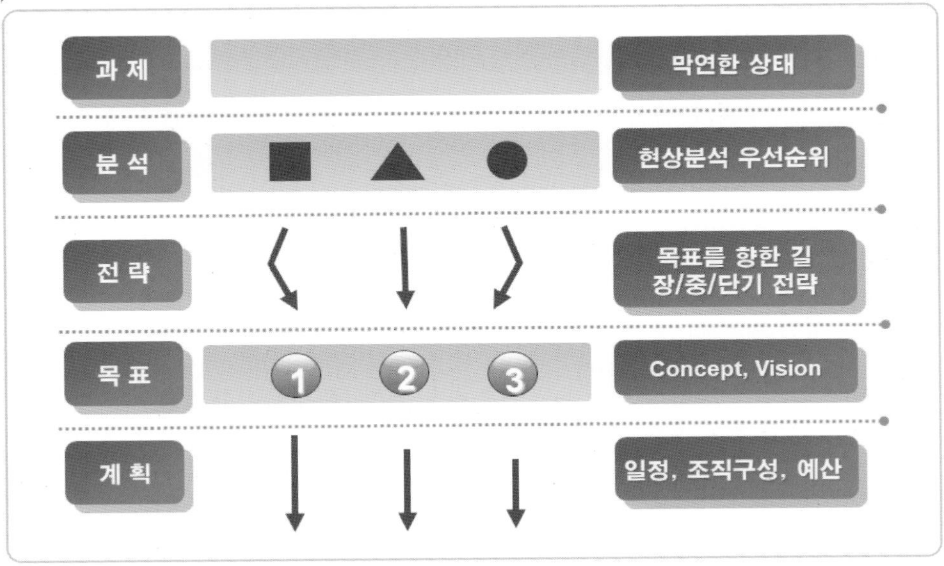

과제		막연한 상태
분석	■ ▲ ●	현상분석 우선순위
전략	〈 ↓ 〉	목표를 향한 길 장/중/단기 전략
목표	① ② ③	Concept, Vision
계획	↓ ↓ ↓	일정, 조직구성, 예산

출처: kiyoo.tistory.com

2) 기획의 준비

기획을 준비하는 단계에서 목적, 목표 등을 정립한 후 실제적인 기획을 위해서는 〈그림 2-5〉와 같이 5W3H를 명확하게 설정해야 한다.

첫째, 'WHAT'은 '무엇을 기획하는가?'로 기획 대상을 선정해야 하며, 둘째, 'WHO/WHOM'은 주최기관(주최자)과 참가대상(target)을 확실히 결정해야 하며 셋째, 'WHY'는 컨벤션 기획의 당위성 및 타당성으로 기획을 통해 얻는 성과를 고려해야 한다. 넷째, 'HOW'는 기획의 실천방법으로 아무리 좋은 기획도 실천할 수 없으면 의미가 없는 아이디어에 불과할 뿐이다. 다음은 구체적으로 'WHEN'은 개최일자 및 개최기간에 대한 부분으로 기획하고 있는 행사의 성격 및 특성 등을 분석해서 정해야 하며, 'WHERE'은 행사 개최장소로 접근성 등을 고려해야 한다. 또한 기획한 것을 수행하기 위한 소요경비도 산출해야 하며 (HOW MUCH), 수행기간(HOW LONG)에 대한 계획도 세워야 한다.

아무리 좋은 아이디어를 구상하여 기획을 하더라도 위에서 살펴본 8가지에 대한 내용이 명확해야 성공적으로 수행할 수 있다.

그림 2-5 5W3H를 통한 기획의 준비

WHAT	무엇을 위한 기획인가?	WHY	왜 이 기획이 필요한가?
WHO	누가, 누구를 위한 기획인가?	HOW	기획을 어떻게 실천할 것인가?
WHEN	언제부터, 언제까지인가?	HOW MUCH	비용이 얼마나 드는가?
WHERE	장소는 어디인가?	HOW LONG	수행기간은 얼마나 되는가?

출처: 광명시의회(2009)

3) 기획의 절차

기획은 기획의 틀을 세우는 1단계부터 마지막 평가단계까지 체계적으로 진행
되어야 한다.

그림 2-6 **기획의 단계별 준비사항**

1단계	2단계	3단계	4단계	5단계
1. 기획의 틀	2. 기본계획	3. 실시계획	4. 현장계획	5. 평가
1. 목적 2. 테마와 concept 3. 목표의 설정	1. 언제(일시): When 2. 어디서(장소): Where 3. 무엇을(내용): What 4. 어떻게(형식): How 5. 누구에게(대상): Whom 6. 얼마로(예산): How 7. 누가(조직): Who	1. 실시개요 2. 행사장(장소) 계획 3. 회의계획 4. 행사계획 5. 홍보 및 동원계획 6. 운영계획 7. 예산계획	1. 현장진행계획서 2. Checklist 3. Script, Q-sheet 4. 행사장 세팅 5. 운영요원 배치 및 직무교육 6. 연사 및 VIP 관리 7. 공항 영접 및 의전 8. 행사장 철거	1. 데이터 정리 및 정산 2. 감사서신 발송 3. 보고서 작성 4. 평가회 개최 5. 회계감사

출처: www.jungle.co.kr 내용을 저자 재구성

제2절 기획서 작성

1. 기획서(Proposal)의 개념

1) 기획서(Proposal)의 중요성

아무리 좋은 아이디어와 사업계획을 구상하였더라도 이를 상대방에게 이해시키기 위해서는 반드시 기획서를 작성해야 한다. 기획서 작성이 계획하고 있는 사업을 실행하느냐, 못 하느냐의 매우 중요한 관건이 되는 단계이며 기획을 평가하는 방법이 된다. 다시 말해서 자신의 생각과 주장을 상대방에게 이해시키는 방법 중 기획서 작성이 가장 대표적인 방법이다.

2) 기획서(Proposal)의 특징

기획서는 소설과는 뚜렷한 차이점을 갖고 있다. 소설은 주관적이고 문장형이고 장문에 늘려 쓰기를 즐겨한다. 간접적인 표현을 주로 사용하고, 발단-전개-위기-절정-결말의 순서로 구성되어 있다. 반면에 기획서는 객관적이고 단문의 형태로 핵심과 개요를 명확히 드러내면서 간단명료해야 하며 직접적인 표현을 사용한다. 내용은 서론-본론-결론으로 구성되어 있다.

그리고 기획서는 동일한 것이 없으며(다면성 및 다양성), 불특정 다수를 대상으로 하지 않고 명확한 대상(target)이 있다. 기획서의 중점사항은 읽는 이가 내용을 충분히 이해할 수 있느냐?이며, 평가방법은 기획서의 구성과 내용으로 판단된다.

3) 우수한 기획서의 조건

우수한 기획서는 목표 및 목적이 명확히 나타나야 하며 논리적 흐름이 자연스럽다. 처음 도입부가 매력적으로 구성되어 있으며, 내용의 과·부족이 없이 짧고 명확하며 레이아웃이 세련되고 간결하다. 또한 데이터와 이미지가 효과적으로 사용되어 이해를 높여준다. [표 2-7]에 좋은 기획서와 나쁜 기획서를 비교하여 정리하였다.

[표 2-7] 좋은 기획서 vs 나쁜 기획서

좋은 기획서	나쁜 기획서
- 목적/목표가 명확함	- 목적/목표가 애매함
- 분석이 객관적, 과학적	- 계량화하지 않음
- 문장이 짧고 명확함	- 장문으로 추상적 표현
- 양은 적어도 내용은 풍부하고 핵심적임	- 너무 구체적이거나 상세함
- 시각적 요소를 잘 활용(그림, 도표, 데이터 등)	(그림, 도표, 데이터 등)
- 글자와 공란의 균형이 맞아 보기가 편안함	- 글자와 공란의 균형을 고려하지 않아
- 시선을 거슬리지 않는 레이아웃	지면이 꽉 참
- 비용, 예산을 검토	- 비용, 예산이 불명확함

4) 기획서의 분류

일반적으로 기획서는 기본 기획서와 실행 계획서로 분류할 수 있다.

(1) 기본 기획서

컨벤션을 추진하기 위해 구체적인 실행 수단과 방법을 검토하고, 그중에서 실현 가능하고 콘셉트에 적합한 수단을 선택하는 작업이다.

실행수단별 문제점을 추출하고, 계획을 실현하기 위해서 그 문제점들을 극복하기 위한 해결책을 검토하는 것이 중요하다.

(2) 실행 계획서

기본 기획을 중심으로 보다 현실성 있는 운영방법을 제시하고 검토하기 위한 작업과정이라 할 수 있다. 실행계획은 실제적인 업무진행을 위한 계획이므로 좀 더 구체적·현실적으로 작성되어야 한다.

2. 기획서 작성법

1) 기획서 작성의 기본5)

기획서 작성 시 아래와 같이 일정한 순서와 방식에 의해 작성해야 한다.

(1) 전달하고자 하는 요점(Governing Thought, GT)을 결정하라

기획서 작성 시 정확하게 전달하고자 하는 주제의 요약과 기획서의 주요한 생각을 반드시 맨 먼저 제시해야 한다. 콘셉트(concept), 주제(theme) 등 추상적이고 애매모호한 내용은 기획서의 초점을 흐릴 수 있기 때문이다.

그림 2-7 Governing Thought 사례

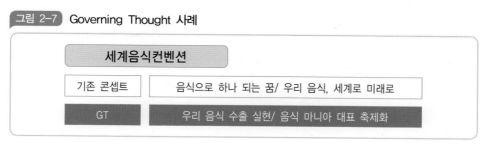

출처: 저자 재구성

(2) 전달하고자 하는 요점(GT)에 대한 질문과 예상 정답을 하위로 구성하라

전달하고자 하는 요점(GT)이 선정되면 이에 대한 자연스러운 질문을 도출하고 질문에 대한 예상 정답들을 하부로 구성하여 트리의 형태가 되도록 전개한다.

---

5) 대한사고개발학회(thinking.or.kr)

그림 2-8 GT와 하위구조 사례

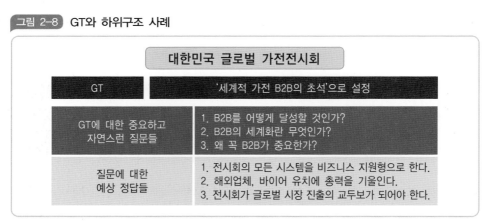

대한민국 글로벌 가전전시회	
GT	'세계적 가전 B2B의 초석'으로 설정
GT에 대한 중요하고 자연스런 질문들	1. B2B를 어떻게 달성할 것인가? 2. B2B의 세계화란 무엇인가? 3. 왜 꼭 B2B가 중요한가?
질문에 대한 예상 정답들	1. 전시회의 모든 시스템을 비즈니스 지원형으로 한다. 2. 해외업체, 바이어 유치에 총력을 기울인다. 3. 전시회가 글로벌 시장 진출의 교두보가 되어야 한다.

출처: 저자 재구성

2) 기획서의 구성체제 및 전개방법

(1) 기획서의 구성체제

기획서는 기획내용과 종류에 따라 구성체제가 달라지므로 일반적으로 정형화

[표 2-8] 기획서 전체구성 내용

기획서 표지	행사명, 제출일자, 제출 회사명
기획서 목차	흐름이 있도록 구성
기획의도(배경)	서론, 본론, 결론으로 구성
행사 목적	행사가 추구하는 메인 목적
행사 개요	행사를 개략적으로 함축시킨 내용
행사 프로그램	회의, 공식행사 및 부대행사 등
행사 조직	행사 준비조직 및 실행조직
업무 분담	각 조직의 업무 내용
업무 추진 일정	분담된 업무별 추진일정
운영관리계획	행사 실행을 위한 운영 세부내용
홍보 · 마케팅 계획	행사 홍보 및 참가자 동원 방법
예산계획	실행에 필요한 자금 및 제반 경비

하기가 어렵다. 본서에서는 컨벤션을 포함한 MICE 기획서를 중심으로 구성하였으며 [표 2-8]과 같이 정리할 수 있다.

기획서의 전체구성을 기본으로 항목별 내용을 정리한 것이 〈그림 2-9〉이다.

그림 2-9 기획서의 항목별 내용

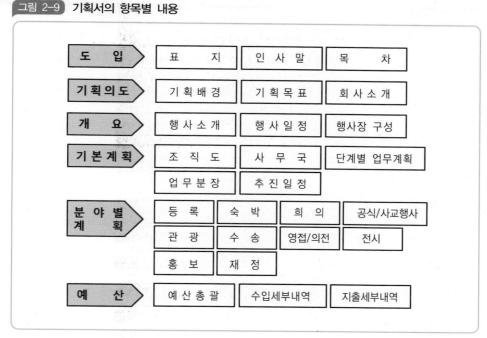

출처: 저자 작성

(2) 기획서 전개방법6)

① 표지 작성

표지는 기획서를 읽는 사람이 가장 처음 보게 되는 페이지로 기획서의 얼굴이라 할 수 있다. 일반적으로 기획서의 표지에는 제목, 문서의 종류(기획서, 제안서, 보고서 등) 및 부제목, 기획자 성명 및 소속, 제출일 등이 포함된다. 제목을

---

6) 권만우 블로그, 기획보고서 작성법(http://blog.naver.com/ksackr)

표현하는 방법으로는 문자만을 사용하거나 기획내용에 알맞은 사진, 그림 등을 활용하여 강조하는 방법 등이 있다.

② 목차 작성

목차는 기획자와 기획서를 읽는 사람들 간의 인식의 엇갈림을 방지하고, 내용의 이해를 원활하게 하는 데 유용하다. 일반적으로 기획의 명칭, 목차의 표시, 목차와 페이지번호를 기입하고, 별첨이나 자료집이 있는 경우에는 각각의 목차를 만들고 그것을 명기한다. 목차는 큰 목차와 세부 목차를 적절하게 구분하여 사용하며, 목차를 표지에 넣는 경우도 있다.

③ 요약 작성

요약은 보고서 분량이 많을 경우 보고서의 핵심내용을 간추려 이해하기 쉽도록 일목요연하게 정리한 것이며, 장황한 문장보다는 가급적 표나 차트 등 도면을 활용하는 것이 바람직하다.

④ 기획 배경 및 필요성 작성

배경은 기획을 하게 된 이유와 동기, 지시자의 지시내용, 기획의 필요성 및 문제제기 등 기획을 하게 된 배경을 기술하는 것이며, 1페이지로 작성하는 것이 좋다.

⑤ 목적(목표) 작성

목적은 기획이 지향하는 도달점을 개념적으로 표현한 것이고, 목표는 목적을 구체적 수치로 표현하는 것이다. 목표 설정은 기획가가 분석력을 발휘하여 진행하는 논리화작업의 결론을 제시하는 부분으로 기획서의 최고점이 된다.

[표 2-9] 목적(Goals)과 목표(Objectives)

목적 (Goals)	– Vision과 밀접한 관련. Vision을 달성하기 위해 주어진 구체적인 과제 – Vision처럼 개념이 큼 – 예: vision-세계사회에서 가장 영향력 있는 사람 / goal-타임지 선정 영향력 1순위	* BHAG의 개념(by Collins & Poras, 1997) 크고Big 대담하며Hairy 도전적인Audacious 목표Goal
목표 (Objectives)	비전 및 목적 달성을 위해 반드시 필요한 중간단계	SMART 기법(by Tribe, 1997) • Specific 구체적으로 • Measurable 측정 가능한 • Agreed with those who must attain them 목표달성자들과 합의가 된 • Realistic 실현 가능한 • Time-constrained 정해진 시간 내

출처: 성은희 · 오수진, 목적지마케팅(2017)

⑥ 기본방향

목표를 효과적으로 달성할 수 있는 기획 내용의 주요 포인트, 추진 시 기본방향 등을 기술한다.

⑦ 기획내용

기획서의 가장 중요한 부분으로, 여러 가지 표현수법을 동원하여 가장 효과적인 방법을 사용하는 것이 좋다. 목표를 달성하기 위한 구체적인 방법을 기술하는 것이 중요하다. 분량은 기획의 규모에 따라 다양하며, 그림, 사진, 표나 그래프 등을 풍부하게 사용하여 페이지를 구성하는 것이 효과적이다. 또한 숫자의 표시도 단순히 숫자의 계산뿐만 아니라 문장에 의한 해설을 첨가하는 것이 이해도를 높일 수 있다.

⑧ 기타

기획을 진행하는 데 필수적인 예산, 인력 및 조직 등의 추진체계와 사업별 소요일수 등의 추진일정도 포함되어야 한다. 또한 기획서 작성을 위해 수집하였던 조사자료, 통계자료 등을 정리하여 참고자료로 제시할 수도 있다. 참고자료는 기획의 신빙성을 증명하는 역할을 하는데, 주요 자료만 삽입하는 것이 바람직하다.

3) 기획서 작성요령

(1) 기획서 표현방법

기획서는 문장으로만 표현하는 것이 아니라 차트(chart), 데이터, 그림이나 사진과 같은 이미지 등을 병행하여 사용해야 하며, 기획자의 전달내용에 따라 적절하게 선택하면 효과를 높일 수 있다. 각 표현방법의 장단점은 다음과 같다.

[표 2-10] 기획서 표현기법의 장단점

기법	장점	단점
문장 표현	• 개념적인 설명에 적합 • 간결한 문장을 쓰면 내용을 정확하게 전달 가능 • 다른 표현기법을 보강	• 문자나 열만으로는 효과가 작고, 이미지 확대도 어려움 • 글자의 크기, 서체를 구별하여 보이는 방법 연구 필요
차트 표현	• 선, 도표 등을 사용, 논리의 흐름을 명확하게 표현가능 • 도해화를 통해 복잡한 관계성도 용이하게 이해 가능	• 문자 간격이 좁고, 글자 수의 제약으로 표현이 딱딱해질 우려가 있음 • 정서적인 내용, 감각적인 정보를 전하기에 용이하지 않음
데이터 사용	• 그래프, 표 등을 사용, 수치에 대한 시각적 제시가 가능하여 상대방의 이해도를 증진시킬 수 있음 • 기획자의 분석작업에도 용이함	• 데이터와 접촉이 덜한 상대는 그 의미를 이해하기가 어려울 수 있음 • 문장표현에 의한 설명, 요약을 반드시 첨부하는 것이 효과적임
이미지 표현 (사진, 그림)	• 글만으로는 표현할 수 없는 미묘한 뉘앙스 전달 가능 • 이미지 표현을 첨가하여 설명하면 현실성이 증가함	• 기획자의 주관, 기호 등이 포함되기 쉬워 내용의 객관적인 전달에 적합하지 못함 • 적절치 못한 사진, 그림 사용 시 혼란을 야기할 수 있음

출처: 시도 공무원교육원, 기획실무(2006)를 토대로 저자 수정

(2) 기획서의 형태

① 사이즈(Size)

보기 쉽고, 읽기 쉽고, 보관해서 자주 볼 수 있는 A4나 B4 또는 A3판이 적당하다. 간혹 출간물이 아닌 파일로 제출하는 경우도 있다.

② 문자

각 기관이나 단체마다 C.I.P(Corporate Identity Plan)에 의한 고유한 글씨체와 색상이 있음에 유의해서 사용해야 한다.

③ 시각적 표현

행사의 이미지 커트(Image Cut)나 조사 데이터 등을 일러스트나 도표로 색채화하면 이해도를 높일 수 있는 반면에, 너무 복잡하여 이해가 어렵고 과도한 원색 사용으로 시각을 흐리게 하는 것은 피해야 한다.

(3) 문장을 통한 표현법

어떤 종류의 기획서이든 읽힘으로써 이해와 지지를 구한다는 점을 인식하여 상대가 '읽고 싶어 하는' 기획서가 되도록 작성해야 한다.

① 표제

기획서의 표제는 내용을 한눈에 알아볼 수 있도록 명명해야 하며, 대항목, 중항목, 소항목인지를 확실히 구분해 놓아야 한다.

② 문장

장황한 문장은 피하고, 간결한 문장이 되도록 한다. 기획서 내용에 나오는 단어도 통일되게 사용해야 하며, 동일한 사항은 동일한 단어로 표현하는 것이 혼동을 피할 수 있다. 논제의 전개방법으로는 귀납법을 활용하여 결론을 먼저 서술하고 이하 이유와 당위성을 설명하는 방법을 사용하는 것이 효율적이다. 문장의 내용 구성에는 '미괄법', '두괄법', '쌍괄법'의 3가지 방법이 있으며, 기획서의 경우에는 통상적으로 두괄법을 사용하는 것이 바람직하다. 두괄법(頭括法)이란, 글자 그대로 문장의 서두에 결론이 오는 형태로, 대표적인 것은 신문기사, 특히 뉴스기사가 있다. 두괄법의 특징은 대충의 내용을 앞부분만 읽으면 즉각 알 수 있다는 점이다. 먼저 포인트를 인식시키고 이의 근거가 될 조건을 뒤에서 관련시켜 설명해 나가는 수법으로 가장 중요한 사항을 강조하는 최선의 방법이다.

③ 문자의 시각화(Visualization) 활용

문자(글자)는 시각화하여 기획서의 시각적 효과를 높이는 것이 바람직하며, 레이아웃(Lay-out) 처리와 문자를 강조하는 방식이 있다.

레이아웃 처리는 강조하고 싶은 부분에 언더라인을 긋거나, 각 문장을 몇 개의 블록으로 나누거나, 블록마다 작은 표제를 붙이는 식으로 한다. 문자의 시각화 처리로는 글자에 음영을 넣거나, 두드러지게 나타내거나 중요한 부분을 다른 글씨체로 처리하거나 확대하는 방법이 있다.

그림 2-10 **문장의 시각화 사례**

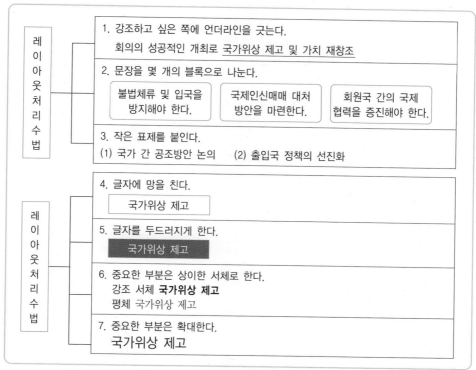

레
이
아
웃
처
리
수
법

1. 강조하고 싶은 쪽에 언더라인을 긋는다.
 회의의 성공적인 개최로 <u>국가위상 제고 및 가치 재창조</u>

2. 문장을 몇 개의 블록으로 나눈다.

| 불법체류 및 입국을 방지해야 한다. | 국제인신매매 대처 방안을 마련한다. | 회원국 간의 국제 협력을 증진해야 한다. |

3. 작은 표제를 붙인다.
 (1) 국가 간 공조방안 논의　　(2) 출입국 정책의 선진화

레
이
아
웃
처
리
수
법

4. 글자에 망을 친다.
 국가위상 제고

5. 글자를 두드러지게 한다.
 국가위상 제고

6. 중요한 부분은 상이한 서체로 한다.
 강조 서체 **국가위상 제고**
 평체 국가위상 제고

7. 중요한 부분은 확대한다.
 국가위상 제고

출처: 시도 공무원교육원, 전게서 토대로 저자 재구성

(4) 도큐먼트 차트(Document Chart) 활용

기획서 작성에는 차트와 도큐먼트 차트가 필수적으로 사용되어야 한다. 차트 (chart)는 아이디어나 개념 같은 언어정보를 구조화시켜 시각적으로 표현한 것 이며, 도큐먼트 차트(document chart)는 기획의 순서대로 액센트를 살려 차트화 한 것을 말한다.

도큐먼트 차트는 커뮤니케이션 시간 단축으로 부드러운 진행을 촉진시키며, 브리핑을 받는 의사결정권자들이 정확하고 빠른 결정을 내릴 수 있도록 도움을 주며, 설득 효과를 높이는 역할을 한다. 도큐먼트 차트는 시각적으로 균형이 있 어야 하며, 시선의 흐름을 고려하고, 여백을 잘 활용해야 효과적이다. 또한 심플 하게 표현하기 위해 가급적 1테마를 1페이지에 작성하며 chart를 사용한 논리표

현은 좌(左)에서 우(右)로, 위(上)에서 아래(下)로 흐르도록 구성한다. chart로 표현하려면 문장으로 표현할 때보다 수용량이 한정되어 있으므로 chart표현에서는 문장을 어떻게 요약할 수 있는가에 주의해야 한다.

그림 2-11 차트로 작성한 사례

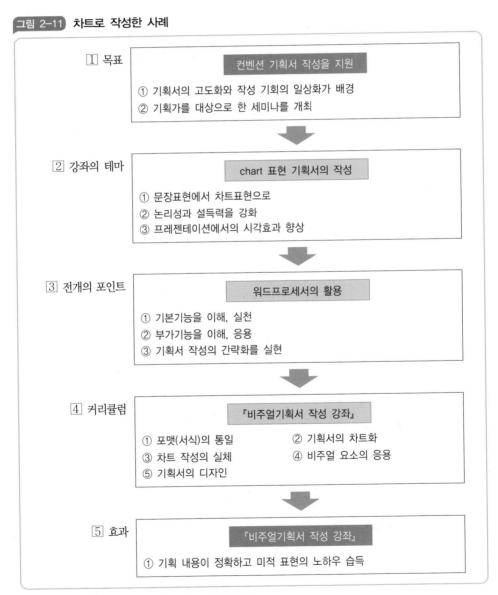

① 목표

컨벤션 기획서 작성을 지원

① 기획서의 고도화와 작성 기회의 일상화가 배경
② 기획가를 대상으로 한 세미나를 개최

② 강좌의 테마

chart 표현 기획서의 작성

① 문장표현에서 차트표현으로
② 논리성과 설득력을 강화
③ 프레젠테이션에서의 시각효과 향상

③ 전개의 포인트

워드프로세서의 활용

① 기본기능을 이해, 실천
② 부가기능을 이해, 응용
③ 기획서 작성의 간략화를 실현

④ 커리큘럼

『비주얼기획서 작성 강좌』

① 포맷(서식)의 통일
③ 차트 작성의 실체
⑤ 기획서의 디자인
② 기획서의 차트화
④ 비주얼 요소의 응용

⑤ 효과

『비주얼기획서 작성 강좌』

① 기획 내용이 정확하고 미적 표현의 노하우 습득

출처: 시도 공무원교육원, 전게서 토대로 저자 재구성

(5) 데이터 표현을 위한 그래프 활용

기획서에 들어가는 수치는 기획서 내용의 객관성, 정당성, 확실성을 뒷받침하는 중요한 데이터이다. 기획서에 수치를 넣는 경우에는 목적에 알맞은 적절한 그래프 형태를 선택해야 시각적 효과와 기획서를 보는 이들의 이해도를 높일 수 있다. 기획서에 사용되는 대표적인 그래프는 [표 2-11]과 같다.

[표 2-11] 대표적인 그래프와 특성

구분	내용	특성
막대 그래프		수치의 대소를 비교하거나 시간적 변화를 판별하는 데 적합
원 그래프		구성의 비율을 보는 데 적합
절선 그래프		수치의 시간적 변화를 보거나 복수의 요소를 비교하는 데 적합

면적 그래프	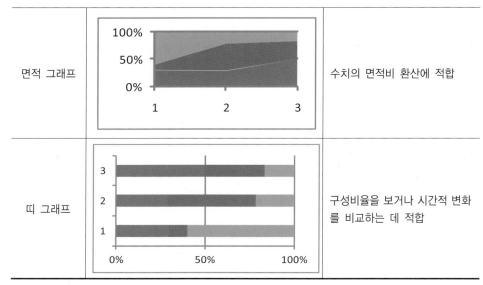	수치의 면적비 환산에 적합
띠 그래프		구성비율을 보거나 시간적 변화를 비교하는 데 적합

출처: 시도 공무원교육원, 전게서 토대로 저자 재구성

제 **3** 장

컨벤션 기본기획

컨 · 벤 · 션 · 기 · 획 · 실 · 무

제1절 컨벤션 기본기획 수립

제2절 컨벤션 총괄기획

제 3 장 컨벤션 기본기획

학습
목표 컨벤션 기본기획 과정에 대하여 학습한다.
컨벤션 기본기획의 분야별 계획 및 운영방법을 알 수 있다.

제1절 컨벤션 기본기획 수립

1. 컨벤션 기획의 기본방향

컨벤션 기획은 컨벤션을 유치하고 개최 목표를 결정한 후에, 컨벤션의 유치와
개최, 운영에 대한 구체적인 절차를 수립하고 이런 과정에서 발생할 수 있는
문제를 예측하여 해결방안을 모색함으로써, 컨벤션이 이루고자 하는 목표를 효
과적으로 달성하기 위한 활동이라고 할 수 있다(이경모 외, 2006).

사업을 시작하기 전에 사업타당성 조사를 하고, 이를 토대로 사업계획을 하는
것처럼, 컨벤션 개최를 위해서도 먼저 이러한 타당성 조사를 실시한 후 타당성
및 필요성 조사를 토대로 컨벤션 목표를 수립한다. 컨벤션 목표에 따라 컨벤션
개최지 선정부터 프로그램의 계획에 이르기까지, 컨벤션이 나아가야 할 방향을
제시하게 된다.

컨벤션 목표가 설정된 후에는 그 목표를 달성하기 위한 구체적이고 체계적인
방법과 절차를 작성하게 된다. 이 세부계획은 컨벤션의 절차와 과정에서 발생할
수 있는 모든 분야를 대상으로 하여, 실제 컨벤션을 준비하고 운영하는 과정에
서 일어날 수 있는 시행착오 및 문제 발생을 최소화하고 신속하게 해결할 수
있도록 해야 할 것이다.

컨벤션을 기획할 때 우선적으로 고려할 사항은 다음과 같다. 이는 기사문 작성 시 필수조건인 6하원칙(六何原則, 5W1H)을 기본으로 하여 반드시 체크하고 결정해야 한다.

그림 3-1 컨벤션 기획 구성요소

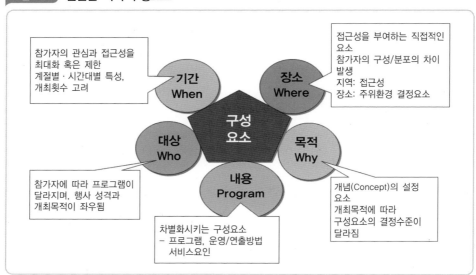

[표 3-1] 컨벤션 기획 구성요소

왜 회의를 개최해야 하는가?	개최목적
회의에서 무엇을 얻을 것인가?	기대효과
주제는 무엇으로 할 것인가?	대주제와 소주제
누가 준비할 것인가?	주최 및 주관
누가 참가할 것인가?	참가대상
언제 개최할 것인가?	개최기간
어디서 개최할 것인가?	개최장소
행사구성은 어떻게 할 것인가?	프로그램
회의비용은 얼마나 소요될 것인가?	예산
자금은 어떻게 마련할 것인가?	경비 마련

1) 컨벤션 기획의 기본구성

컨벤션 기획은 사전 준비과정, 개최 및 운영, 사후 평가에 이르기까지 컨벤션의 모든 과정과 절차를 모두 포함해서 이루어져야 한다. 컨벤션 기획은 크게 기본계획과 운영계획으로 나눌 수 있다.

기본계획은 누가 컨벤션을 주최하는가에 관한 주최자 분석, 왜 컨벤션을 주최하고 기획하는가에 대한 배경, 회의의 명칭, 목표, 회의의 주제 및 내용, 회의참가 대상 및 예상참가자, 개최장소, 개최시기 등이 포함된다.

기본계획을 기초로 한 운영계획은 컨벤션을 어떻게 운영하고, 비용을 얼마나 사용할 것인가에 대한 부분으로서, 컨벤션의 내용, 예산, 프로그램 구성 및 홍보방법, 운영, 사후관리 등이 여기에 해당한다.

> 그림 3-2 **컨벤션 기획의 기본구성**

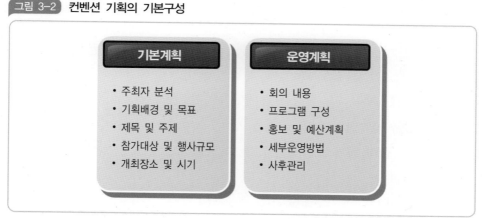

출처: 컨벤션실무(이경모 외, 2006)

2) 컨벤션 기획의 필수 구성요소

컨벤션을 기획할 때 필수적인 구성요소는 〈그림 3-3〉처럼 8가지를 들 수 있다.

그림 3-3 컨벤션 기획의 필수 구성요소

(1) 환경분석

컨벤션 기획 시 환경분석(Environment Analysis)이 최우선적으로 이루어져야한다. 컨벤션은 주변 환경으로부터 영향을 많이 받는 분야이므로 국제정세를위시하여 경제, 사회적인 환경들에 대한 분석이 필요하다.

참가 예상자들의 연령, 문화적 경험, 성별, 회의 참가 경력, 참가동기, 참가비용 부담주체, 회의 참가의 강제성 여부, 네트워크의 중요성 등에 대한 조사가이루어져야 한다.

또한 기개최되고 있는 국내외 유사 컨벤션에 대한 철저한 조사와 전차대회의잘된 점과 잘못된 점에 대한 분석도 수반되어야 한다.

(2) 목표설정

일반적인 사업처럼 컨벤션도 투자회수율(ROI)[7]의 개념이 적용되어야 하며, 컨벤션의 측정 가능한 목표를 만들어내는 것이 컨벤션 기획 시 중요한 단계이기

---

7) 투자회수율(ROI, Return on Investment): 투자된 자원에 대한 수익을 의미

도 하다.

컨벤션 목표 설정 시 전체 참가자 규모 및 예산 등 정량적 목표와 주최 측의 이미지 제고 등 정성적 목표를 결정해야 한다. 또한 궁극적인 목표뿐만 아니라 프로그램의 목표, 예산 수립에 대한 목표, 등록 등 분야별 목표도 수립해야 하며, 목표는 SMART기법을 적용하여 설정해야 한다([표 2-9] 참조).

(3) 행사방향 설정

주제(theme) 및 콘텐츠 구성 시 트렌드에 맞게 선정해야 한다. 주제는 대주제(main theme)와 소주제(sub theme)로 구분되며, 참가대상자들의 관심과 니즈(needs)를 충분히 반영해야 한다.

(4) 프로그램 기획 및 행사 구성

프로그램 기획은 컨벤션의 성격과 목표를 기반으로 이루어진다. 즉 컨벤션의 성격은 회의가 교육 목적으로 개최되는지, 정보교류 혹은 친목의 목적인지, 동기부여를 위한 회의인지에 따라 결정된다.

프로그램 기획을 통해서 회의의 전체적인 틀이 구성되고, 사교행사, 부대행사 등이 결정된다. 컨벤션 참가 대상자의 니즈(needs)를 고려하여 만족도 높은 프로그램을 구성해야 하며, 회의프로그램뿐만 아니라 참가자들의 네트워킹을 형성할 수 있는 다양한 프로그램으로 구성해야 한다.

① 공식 및 사교행사: 개·폐회식, 환영리셉션, 환송만찬 등
② 문화 및 관광프로그램: 산업시찰, 공연프로그램 등
③ 전시회 및 부대행사 등

(5) 운영계획

컨벤션에 대한 기본 계획이 수립되면 컨벤션 각 분야별 운영에 대한 계획을 수립한다. 회의에 대한 계획을 시작으로 등록 및 숙박, 사교행사, 관광 및 수송,

의전 및 영접, 각종 제작물까지 분야별로 상세한 계획을 수립한다.

(6) 동원계획

컨벤션은 다양한 인력이 필요하며 컨벤션의 규모가 클수록 동원되는 인력규모가 커진다. 사회자, 동시통역사, 테크니션 등의 전문인력뿐만 아니라 운영요원 및 도우미까지 선발, 교육 및 현장배치 등에 대한 계획이 수립되어야 한다. 또한 각종 물자에 대한 수급계획도 필요하다.

(7) 추진계획

컨벤션은 투입조직별로 정확한 업무분장이 필요하다. 정부가 주관하는 대형 컨벤션의 경우는 정부조직, 관련기관 등 다양한 조직이 T/F team을 구성하여 진행하므로 업무분장이 정확해야 한다. 또한 개최까지 준비기간 동안 단계별 추진일정과 추진계획도 수립해야 한다. 일반적으로 추진일정표 작성에는 간트차트(Gantt Chart)[8]를 사용한다.

(8) 예산계획

컨벤션 개최 시 가장 중요한 분야가 예산업무로 성공적인 개최를 위해 필수적인 요소이기도 하다. 컨벤션을 개최하는 데 필요한 비용과 수입원에 대하여 예측하는 과정이다. 정해진 예산 범위 내에서 컨벤션을 개최하기 때문에 예산을 정확하게 수립하는 게 중요하다. 예상 참가자 수, 프로그램 내용, 회의장소, 회의 준비기간 등이 많은 영향을 미친다.

컨벤션 개최를 통해서 이익을 창출하는 것을 목적으로 한다면, 참가자들의 참가비용과 후원비용, 정부 지원금 등의 수입이 컨벤션 개최에 지출된 경비보다

---

8) 간트차트(Gantt Chart): 프로젝트 일정관리를 위한 바(Bar) 형태의 도구. 각 업무별로 일정의 시작과 끝을 그래픽으로 표시하여 전체 일정을 한눈에 볼 수 있음

많도록 목적을 설정한다. 이 경우에 수익을 어떻게 창출할 것인가도 결정해야 할 것이다. 그러나 정부회의나 기업회의처럼 주최 측에서 비용을 전액 부담하여 규모 있는 행사를 진행하고자 하는 경우도 있는데 이는 컨벤션 개최자체가 의미를 갖는 경우이다.

컨벤션 예산 수립 시 기본적으로 과소상정 수입전략과 과다상정 지출전략이 필요하며, 예비비도 빠짐없이 포함시켜야 한다(자세한 내용은 9장 참조).

2. 컨벤션 기획과정

컨벤션은 1단계인 개최목적 설정부터 평가 및 마무리까지 총 9단계를 거쳐서 진행된다.

1) 1단계: 개최목적 설정

컨벤션의 내용에 따라 새로운 기술의 발견이나 지구환경의 보존 등 개최목적이 다르게 나타날 수 있으나, 우선적으로 컨벤션의 목적이 설정되어야 한다.

2) 2단계: 회의환경 분석

기존 컨벤션을 유치하거나 신규 컨벤션을 개발하는 경우에도 컨벤션을 둘러싸고 있는 환경을 분석해야 한다. 참가자 수, 지리적 특성, 기개최된 회의의 결과, 주최자의 의도 등 다양한 환경을 분석하여 목표 설정에 반영해야 한다.

3) 제3단계: 목표 설정

파악된 환경분석의 결과를 토대로 컨벤션의 목표를 설정한다. 참가자 수, 참가국 수, 또는 매스컴 노출빈도 등의 수적인 목표와 함께 참가자 만족도 증가 또는 우수한 연구결과의 발표 등 회의의 내용과 목적에 따라 목표가 달라질 수 있다.

4) 제4단계: 예산 설정

기본적으로 컨벤션은 예산규모에 따라 회의대행여부, 장소결정, 유명연사 초청 등의 진행이 가능하므로 구체적인 예산을 책정해야 한다. 예산책정단계에서는 필요한 예산과 실제 확보가 가능한 예산을 고려하여 적정한 예산을 수립해야 한다.

5) 제5단계: 회의형식과 의제 확정

컨벤션은 주최 및 성격에 따라 회의형식을 결정해야 한다. 포럼형식으로 할 것인지, 총회와 이사회는 어떻게 할 것인지, 개·폐회식은 어떠한 형식으로 할 것인지 등을 결정한다.

6) 제6단계: 개최지 선정과 개최장소 확정

컨벤션은 개최도시 및 개최장소에 따라 컨벤션의 성패가 결정되는 경우가 많다. 접근성, 기후, 과거 개최실적, 시설 등 다양한 항목을 검토해야 하며, 개최시설은 컨벤션의 규모에 맞게 참가자의 특성을 고려하여 결정해야 한다.

일반적으로 회의기획사(PCO)의 결정은 개최지를 결정한 후에 하는데 이는 개최지에서 제공하는 서비스의 내용에 따라 PCO의 역할이 달라지는 경우도 있기 때문이다.

7) 제7단계: 세부운영계획 작성

개최지와 컨벤션 내용 등이 결정되면 구체적인 세부사항을 준비해야 한다. 예산확보계획, 홍보, 참가자 등록, 숙박, 회의구성 등 세부적인 사항을 점검하여 구체화시키는 단계이다.

그림 3-4 **컨벤션 기획과정**

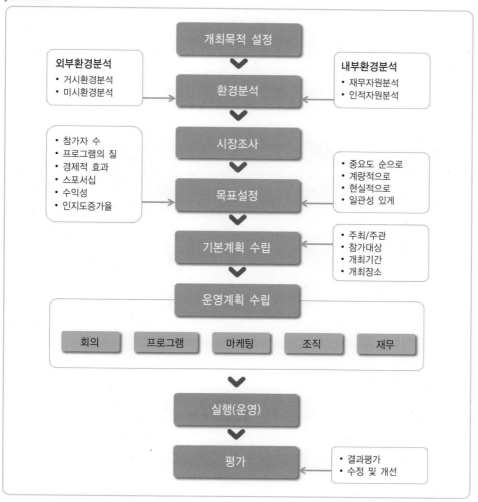

출처: 이경모, 전게서를 토대로 저자 재구성

8) 제8단계: 현장운영 및 실행단계

실제 행사가 진행되는 단계이다. 구체적인 시나리오와 현장점검표를 준비해야 하며, 각 행사장별 인원배치, 참가자 등록, 숙박, 회의장운영, 사교행사 등을 실제로 실행하는 단계이다.

9) 제9단계: 평가 및 마무리

컨벤션 개최 후의 평가는 차기 행사의 중요한 자료가 된다. 단순히 기록의 의미가 아닌 각 항목별로 문제점 등을 보완하여 분석하는 단계이다. 또한 정산 및 회계감사가 진행되며, 사진과 영상 등으로 기록을 보존해야 한다.

제**2**절 컨벤션 총괄기획

1. 총괄기획업무

1) 컨벤션 분야별 주요 업무

총괄기획은 회의의 개최계획 수립에서부터 개최지 선정, 회의 운영 및 회의 진행 관리, 결과 보고서 작성 및 감사편지 발송 등 회의 개최 이전 업무부터 회의 개최 이후의 사후업무까지의 모든 업무를 체계적으로 관리해야 한다.

[표 3-2] 컨벤션 총괄기획 분야별 세부업무

업무 내용	업무 절차	
조직구성	조직위원회 설립	• 조직위원회 구성
		• 사무국 구성
		• 규정 수립
		• 분과위원회 구성
	조직위원회 운영	• 준비사무국 운영
		• 조직위원회 회의 개최
개최지 선정	사전 조사	• 회의 목적 확인
		• 과거 기록 수집
		• 물리적 요구사항 확인
		• 참가자 요구사항 및 기대사항 확인
		• 지역 및 시설형태 선택
		• 행사내역서 및 RFP(Request for Proposal) 작성
	시설 평가 및 선정	• 후보시설 검토 및 평가
		• 개최지 선정
	시설 사용계약	• 시설과의 협의
		• 계약서 작성
		• 시설 사용계약

개최계획 수립	주요 행사 기획	• 회의 개요 및 주요 행사내용 작성
		• 부문별 세부추진계획서 작성
	유관기관 협조 요청	• 정부기관 협조 요청
		• 관련기관/단체 협조 요청
VIP 관리	대상자 선정	• VIP 리스트 확정
	지원사항 확정	• 지원사항 협의
인력 관리	전담인력 관리	• 업무별 투입인력 규모 및 투입시기 조정
		• 인력별 업무 분담 및 진행사항 관리
	현장인력 관리	• 필요 현장 인력 규모 산출
		• 모집공고 및 신청서 접수
		• 인력 선발 및 업무 배치
		• 인건비 정산
행사 운영	운영 준비	• 유니폼 제작 발주
		• 행사장 장치물 제작 발주
		• 현장 사무국 조성
		• 서비스 공간(휴식 등) 조성
	현장 운영	• 최종 리허설
		• 현장 사무국 운영
사후업무(계속)	결과 보고	• 분야별 최종보고 내용 정리
		• 행사기록물 제작
		• 결과보고서 작성
	총 평가회 개최 및 포상	• 총 평가회 일정 계획
		• 총 평가회 자료 준비
		• 행사기록물 제작
		• 감사패 수여
	감사편지 발송	• 발송 대상자 리스트 작성
		• 대상자별 감사편지 작성
		• 감사편지 발송

출처: 지방공무원을 위한 국제회의 · 이벤트편람(2006)을 토대로 저자 수정

　　컨벤션은 다양한 의제를 협의하는 회의나 논문 등을 발표하는 학술대회, 기업 회의 등 다양한 목적으로 개최되므로 회의가 핵심이지만 참가자들을 위한 등록 및 숙박 등 다양한 분야로 구성되므로 각 분야별 기획이 필요하다.

그림 3-5　**컨벤션 분야별 관계도**

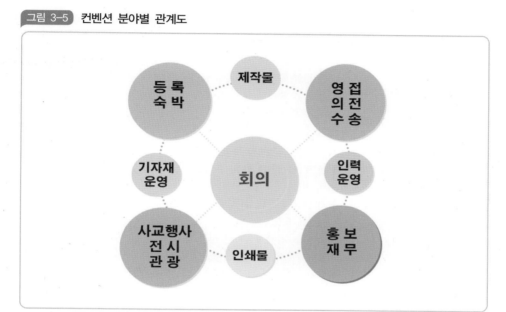

출처: 저자 작성

2) 컨벤션 시기별 업무

　　컨벤션은 개최 일자가 정해져 있기 때문에 성공적인 행사 개최를 위해서는 업무들이 시기별로 잘 진행되어야 한다. 그러므로 컨벤션 기획 시에 반드시 시기별 추진업무를 정리하고 추진일정에 맞춰 진행되는지를 수시로 점검해야 한다. 컨벤션의 성격과 개최주기별로 준비업무와 일정은 달라질 수 있으며 일반적으로 추진업무는 [표 3-3]과 같다.

[표 3-3] 컨벤션 시기별 추진업무

시기	추진업무
회의 2~5년 전	• 조직위원회 결성 • 행사 주제 선정 • 개최 일자, 기간 선정 • 회의 참가 규모 파악 • 참가자 성향 파악 • 장소(회의장, 숙박호텔, 전시장) 선정 • 예산 편성 및 등록비, 전시 참가비 설정 • 자금 모금 계획 작성 • 프로그램(안) 작성 • 공식 로고, 심벌 제작
회의 12개월 전	• 위원회별 기본 계획 작성 • 연사 및 초청인사 선정 • 업무 체크리스트 작성 • 행사 안내 홍보물, 등록서 제작 및 발송 • 전시업체 모집 • 자금 확보 시작(후원기관 선정 및 접촉) • 시청각 기자재 임대업체, 운송업체 등 관련업체와 가계약 • 유관기관 협조 요청
회의 10개월 전	• 전시부스 판매, 광고 및 후원기관 모집현황 체크 • 사전등록 개시 • 유력매체의 광고 게재면 확보
회의 6개월 전	• 등록 절차 및 방침 결정 • 등록정보 데이터베이스 구축 • 홍보제작물 디자인 확정 • 보도자료 배포 • 운송업체, 시청각 기자재 임대업체, 이벤트사, 장치업체 등과 계약 체결
회의 3~4개월 전	• 홍보물 2차 발송 • 행사 기록 업체 선정 • 게시판, 티켓 등 각종 제작물 발주 • 초청 연사용 항공, 숙박 예약 및 확인서 발송 • VIP 에스코트 지정 • 메뉴 선정 • 모든 계약사항 재확인 • 호텔, 여행사, 항공사 등의 예약현황 점검 시작

회의 2개월 전	• 회의기자재 준비, 회의실 도면 작성 • 프로그램 제작 • 초청연사 선물/상장/상패 등 제작 • 운영요원용 지침서 작성 • 인원 고용 계획 결정(기간, 인원 수, 인건비)
회의 1개월 전	• 초청인사 항공권 발송 • 참가자 및 전시업체 리스트 제작 • 프로그램 디자인 검토 • 관련업체(여행사, F&B[9], 장치업체 등)의 준비사항 재확인 • 보도자료 배포 • 요원 교육
회의 1주 전	• 명찰 제작 • 회의장으로 사무국 이전 • 회의자료 도착 확인
회의 1일 전	• 식음료 주문량 재확인 • 행사장 조성 및 필요용품 확인 • 현장요원 교육 • 등록데스크 운영 개시 • 각종 리허설
각 회의 전	• 회의실, 배치상태 점검 • 마이크, 시청각 기자재 점검 • 각종 배포물, 준비물, 기타 자료 비치
회의 종료 후	• 각종 비용 지불 • 수입/지출 결산보고 • 감사서신 발송 • 참가자 설문서 집계 • 행사 결과보고서 발간 • 조직위원회 해산

출처: 지방공무원을 위한 국제회의 · 이벤트편람(2006) 토대로 저자 재구성

---

9) F&B: Food & Beverage, 식음료

2. 조직구성

컨벤션 유치가 확정되면 유치계획을 기본으로 회의 준비를 위한 조직구성과
업무 분담이 본격적으로 이루어진다.

1) 조직위원회(Organizing Committee) 설립

컨벤션을 준비하기 위해서는 일차적으로 회의의 주최자가 되는 조직위원회가
구성되는데, 조직위원회는 컨벤션의 준비와 운영을 총괄하며 성공적인 행사 개
최를 위한 최종 의사결정을 한다. 즉 조직위원회는 조직수행 업무의 모든 법
적·재정적 책임기관으로 컨벤션의 미래방향을 설정하고 전략적 측면의 정책
결정과 개최 목적 및 목표를 관리한다(이경모, 2002).

(1) 조직위원회 구성

조직위원회는 행사에 따라 인력구성에 차이가 있지만, 보통 조직위원장, 부위
원장(사무총장), 자문(고문)위원, 조직위원으로 구성한다. 전문 국제회의기획업
체에게 행사를 대행할 경우, 회의관련 준비 및 진행에 있어 모든 업무를 회의
전문가가 맡고 주최 측은 조직위원장과 소수의 담당책임자로 구성되는 경우도
많다. 조직위원회의 규모는 컨벤션의 규모에 따라 10~20인이 적당하며, 다양한
분야의 인물을 위촉하는 것이 좋다. 하지만 너무 바빠서 회의에 출석할 수 없는
인물이나 너무 많은 위원을 위촉하여 회의소집에 어려움이 발생하지 않도록 주
의한다.

① 조직위원장(President)

회의 운영 및 조직관리뿐만 아니라 가장 중요한 재원을 확보하기 위해 관계기관, 단체와 충분히 협력할 수 있는 책임감 강한 사람이어야 한다.

② 부위원장(사무총장, Secretary-General)

조직 관리와 회의준비 및 운영에 경험이 많으며, 신망 있고 책임감 있는 사람을 선임해야 한다.

③ 자문(고문)위원

각 분야에 경험이 많은 전문인으로 기금 조성부터 국내외의 회의 준비, 실행까지 모든 일에 자문활동을 할 수 있는 사람으로 선임해야 한다.

④ 조직위원

조직위원은 유관기관, 단체, 업계의 주요 인사로 분과위원회의에서 장이 될 수 있는 인물로 선정해야 한다. 그리고 예산, 회계, 마케팅, 법, 계획 등을 감독할 수 있는 능력이 있어야 한다.

(2) 사무국(Secretariat) 구성

PCO에게 행사 대행을 위탁하는 경우 사무국을 구성하는 요소는 크게 조직위원회와 PCO로 나눌 수 있다. 일반적으로 조직위원회는 회의 개최를 위한 원칙적인 기본계획을 설계하고 PCO는 보다 세부적이고 실제적인 계획을 수립하면서 조직위원회가 결정을 내릴 수 있는 기본 자료를 제공하는 일을 한다.

[표 3-4] 조직위원회와 PCO의 업무 분장(예)

구분	조직위원회	PCO
기획	• 회의 목적 심의 및 결정 • 전체 계획 심의 및 결정 • 후원업체 섭외 및 결정 • 예산조정 및 결정 • 대외 협조	• 회의 목적에 따른 회의유형 분석자료 제공 • 행사 예정일 및 규모별 회의장 자료 제공 • 세부 예산안 제공 • 예상 후원업체 자료 제공 • 전차대회 자료 분석
학술	• 회의주제 결정 • 회의관련 논문수집 • 초청연사 결정 • 회의형태 기획 및 결정	• 논문수집관련 안내문 제작 및 발송 • 논문집 제작 • 연사초청 관련 업무 • 회의진행 세부 시나리오 작성
홍보 인쇄	• 회의관련 홍보물 결정 • 대외홍보(관련기관 및 회원) • 출판물의 종류 및 형태 결정	• 매체별, 유형별 홍보물 제시 • 회의관련 홍보물 제작 • 참가서신, 등록양식 및 프로그램 발송
기타	• 참가자 관광프로그램 결정 • 숙박 및 회의장 결정 • 연회 행사내용 결정 • 기타 참가자 편의 프로그램 제공사항 결정	• 관광프로그램안(案) 제시 및 집행 • 숙박관련 호텔자료 제시 • 지정 숙박시설과의 지속적인 연락 • 객실 Block 지정 및 해지 • 연회행사 출연단체 섭외 • 수송업체 섭외 및 관리 • 각종 표시물(Sign board) 제작 • 기념물 제작 • 기타 참가자 편의 프로그램 제공사항 집행

(3) 규정 수립

조직위원회는 컨벤션 준비와 실행을 위한 조직으로 일정 기간이 지나면 해산된다. 따라서 관련 단체 및 기관의 규정에 준하는 직무와 책임, 조직의 구성과 관리, 임기, 자금조달, 회계방법 등이 명문화된 「조직위원회 규정」과 「회계규정」을 수립해야 한다(편람, 2006).

그림 3-6 조직위원회 회계규정(예)

국제회의 기부금 및 참가비 등의 관리 규정(안)

제1조 제○회 국제△△회의 개최를 위한 준비 운영 및 관련 모든 행사의 기부금(품), 참가비, 그 외 사항으로부터 발생되는 수입금에 관해서는 본 규정에 의해 조직위원회의 위원장이 관리하는 것으로 한다.

제2조 인수된 기부금 등은 수입장부에 다음과 같은 사항으로 기입하며 현금은 지정은행에 예금하여 관리하도록 한다.

(1) 기부금
　　① 기부금 접수 연월일
　　② 기부자의 사업체명 또는 성명
　　③ 기부금액
　　④ 발행영수증번호
　　⑤ 그 외 필요사항

(2) 참가비
　　① 참가비 접수 연월일
　　② 참가비의 납입자 성명
　　③ 참가비 금액
　　④ 등록 참가비 확인증번호
　　⑤ 그 외 필요사항

(3) 그 외 기타 모금된 금액에 관한 사항은 (1)의 기부금의 기입법에 준한다.

제3조 기부금에 대해서는 기부금 등의 수입대장에 기입 후 조직위원장 명의의 영수증을 기부자에 발송하는 것으로 한다.

제4조 기부금 등의 수입금은 조직위원회 위원장이 관리하며 재무분과 위원장의 요청에 의거하여 회의 개최준비, 운영, 관련 모든 행사, 개최 후 잔무 처리 및 정리 업무에 필요한 경비를 지출한다.

제5조 경비지출은 지출 담당자의 신청으로부터 재무분과 위원장의 결재 후, 조직위원회 위원장의 승인을 얻는 지불절차에 의해 수행된다.

제6조 지출에 대한 그 증빙 서류로서 다음과 같은 서류를 완비하는 것으로 한다.

(1) 견적서
(2) 납품서
(3) 청구서
(4) 영수서
(5) 계약서

제7조 기부금 등에서 지출할 여행경비는 조직위원회의 운영규정에 의거하여 여행경비를 산출하는 것으로 한다.

제8조 재무분과 위원장은 국제회의 종류 후, 즉시 수입 지출의 상황을 기입한 장부, 증명 서류, 그 외 관계서류를 정리하고 수입지출 결산서를 작성하여 조직위원회 위원장의 승인을 얻는다. 이렇

게 승인된 자료는 다시금 공인회계사의 감사를 거쳐 관련 행정기관 및 단체에 대해 제출할 보고서를 작성한다.

제9조 기부금 등의 관리는 제8조의 처리완료에 의해서 종료된다.

제10조 본 규정에 결정되지 않은 사항 및 구체적인 취급 요령에 대해서는 조직위원회 위원장, 재무분과 위원장의 승인에 의해 실시하는 것으로 한다.

출처: 지방공무원을 위한 국제회의 · 이벤트편람(2006)

(4) 분과위원회 구성

분과위원회는 회의의 규모에 따라 조금씩 다르며, 업무 수행에 편리하도록 구성한다. 일반적으로 조직위원장 혹은 사무국장 밑에 각 분과별로 책임자가 정해진다. PCO와 업무를 함께 진행할 경우에는 회의성격이나 주최 측의 방침에 따라 회의관련 준비 및 진행에 있어 모든 업무를 PCO에게 맡기고 주최 측은 조직위원장과 소수의 담당책임자로 구성하는 경우도 있다. 분과는 총괄기획분과, 등록분과, 학술분과, 행사분과, 관광분과, 의전 및 수송분과, 전시분과, 홍보 및 출판분과, 재정분과 등으로 구분하여 구성한다.

2) 조직위원회 운영

(1) 준비사무국 운영

PCO가 행사를 대행하는 경우, 준비사무국은 대부분 PCO 사무실 내에 설치되는 것이 보통이며, 경우에 따라서는 회의 주최 측 기관 내에 설치되어 전문인력이 파견근무를 하는 경우도 있다.

(2) 조직위원회 회의 개최

조직위원회와 PCO는 정기적인 회의를 개최하여, 업무 진행의 확인과 중요 사안에 대해서 협의를 해야 한다. 회의 일시가 결정되면, PCO는 회의장소를 예약하고, 참석 대상자들에게 회의 일정을 알리며, 참석여부를 확인한다. 또한 진행사항 보고 및 회의 시 결정해야 할 사항을 포함하는 회의자료를 작성해야 하며, 회의 개최 후에는 내용을 문서화하여, 회의 후 모든 조직위원들에게 발송한다.

3. 컨벤션 개최지 선정

컨벤션 기획 시 개최지 선정은 컨벤션 개최 성공의 중요한 요소이며, 개최지 선정은 컨벤션의 특성과 주최자 등에 따라 다양하게 이루어진다.

개최지는 개최도시(venue city)와 개최장소(venue)를 선정한다. 컨벤션의 목적과 규모, 특성에 맞는 개최도시가 우선 선정되어야 하며, 후속적으로 컨벤션센터, 호텔 등 구체적인 행사장소를 선정해야 한다.

아무리 매력적인 개최지라 해도 컨벤션을 수용할 수 있는 공간과 수용시설 및 지원 인프라가 부족하다면 개최지로 부적합하다. 예를 들어 2,000명 규모의 컨벤션에서 2,000명 수용가능한 대회의장, 100~200여 명 수용가능한 회의실 10개, 리셉션 및 만찬을 개최할 수 있는 공간 등 컨벤션 개최를 위한 기본 공간이 필요할 뿐만 아니라, 2,000명을 수용할 수 있는 숙박시설도 필요할 것이다. 또한 물리적인 공간뿐만 아니라 컨벤션을 개최하는 데 필요한 각종 서비스업체도 확보되어 있어야 한다.

개최지 선정과정에는 회의 목적 확인, 과거 기록 수집, 물리적 요구사항 파악, 참가자의 요구사항 및 기대 고려, 지역 및 시설형태 고려, 행사 내역서(Specification) 및 제안요청서(RFP, Request for Proposal)의 준비, 개최지 검토 및 평가, 개최지 선정 등의 단계가 포함된다.

1) 개최지 선정 시 고려사항

컨벤션 개최지를 선정할 때 고려할 사항들은 컨벤션의 성격 및 목적 등에 따라 중요도가 달라지기는 하지만, 일반적으로 다음과 같은 선정 기준(Selection Criteria)이 있다.

- **접근성(Accessibility)**: 참가자들의 거주지에서 행사장까지의 접근성이 우수해야 한다. 특히 컨벤션은 외국 참가자들이 항공편을 이용하므로 항공접근성이 기본적으로 중요하며, 공항에서 행사장과 호텔까지의 접근성도 매우 중요한 요인이다.
- **충분성(Availability)**: 충분성은 컨벤션의 규모에 의해 가장 영향을 받는 요인이다. 우선적으로 컨벤션을 개최할 수 있는 회의장의 규모, 수가 고려되어야 하며, 참가자들을 수용할 수 있는 충분한 숙박시설의 유무를 고려해야 한다.
- **적합성(Adaptability)**: 컨벤션의 목적과 성격 및 규모뿐만 아니라 프로그램을 진행하기에 적합한지도 고려되어야 한다.
- **매력성(Attractiveness)**: 컨벤션 참가자들은 겸목적 관광객으로서 회의장뿐만 아니라 관광적인 매력물이 조성되어 있는지도 중요한 고려요인이다.
- **쾌적성(Agreeableness)**: 회의장과 개최도시의 날씨를 포함하여 도시의 청결도와 환대 정도도 고려요인이다.

그림 3-7 컨벤션 개최지 선정기준

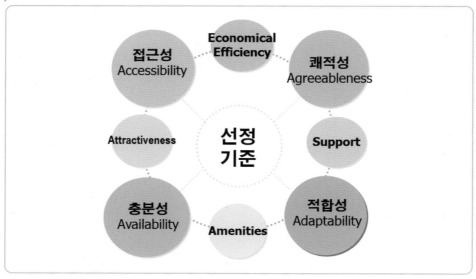

출처: 저자 작성

- **경제성(Economical Efficiency)**: 개최경비가 주최 측의 재정상태와 지출규모에 맞는지와 참가자들에게 영향을 주는 도시 물가도 고려해야 한다.
- **지원 정도(Support)**: 개최도시의 경제적·행정적·제도적인 지원정책 및 지원정도도 중요한 고려요인이다.

2) 개최지 선정과정

(1) 사전조사

① 컨벤션 개최목적 확인

컨벤션 개최목적은 회의장의 적절한 환경(위치)을 결정하는 기준이 되는데, 공항과 가까운 호텔시설은 뚜렷한 목적을 가진 단기적 목표를 위한 집중 토론 안건의 짧은 비즈니스 회의에 적합하며, 비공식적 회의나 의사결정을 위해서는 리조트 시설이 적절하다. 개최지를 결정하기 전에 반드시 고려되어야 하는 것은 '회의의 결과로서 무엇이 달성되어야 하는가?'이다.

② 과거 기록 수집

참가자 현황, 객실 블록관련, 재정적인 결과, 이용한 서비스, 지난 행사의 주요 일정 등과 같은 이전 행사와 관련한 모든 자료를 수집해야 한다. 이러한 자료는 시설 측에 행사에 대한 포괄적인 개요를 설명하는 데 도움이 된다. 처음 개최되는 경우는 주최 측이 이전에 개최했던 유사한 행사들에 대한 기록을 수집하는 것이 좋다.

③ 물리적 요구 파악

컨벤션의 형태와 기록된 자료를 바탕으로 필요한 사항을 결정하며, 필요공간이 확인되면, 각각의 공간에 대한 사용시간을 결정한다. 사용시간을 결정할 때에는 설치 및 철거 시간을 고려해야 하며, 특정한 서비스 제공을 위해 어떤 장소가 지속적으로 필요한지, 혹은 어떤 공간이 2가지 혹은 목적의 변화에 따라 이용될 수 있는지를 결정해야 한다.

[표 3-5] 물리적 요구사항 결정을 위해 필요한 정보들

선호일정	특정한 날짜 혹은 기간에 대한 제한사항, 특정 종교적 휴일 혹은 경축일, 국경일에 대한 고려, 관련 및 유사 단체와의 일정 마찰(Scheduling Conflicts) 기피 유무, 시기별 호텔, 시설의 가격 등의 영향, 회의 기간 근처에 공사 혹은 리모델링 계획 유무
참가자	예상 참가자 수, 전차대회 참가자 수, 향후 성장치
회의장	필요 회의장, 동시에 사용할 회의장 수, 공식행사 외 위원회나 비즈니스 회의를 위한 회의실의 필요유무, 각 세션별 예상 참가자 수, 회의장 배치형태, 시청각 기자재와 회의장 간의 문제여부, 회의장 근처 휴게시설의 유무 등
객실	참가자 최초 도착일부터 최종 출발일까지 매일 요구되는 총객실 수, 참가자 외 직원, 연사 등을 위한 필요 객실 수, 싱글(Single)룸과 더블(Double)룸의 객실비율, 스위트(Suite)룸에 대한 요청 유무, 여흥을 위한 큰 접객실의 필요 유무 및 수량
F&B행사	횟수 및 시기, 행사별 예상 참가자 수
전시	필요 공간 규모, 설치 및 철거를 위한 필요시간
등록	필요 공간 규모, 부가 서비스 공간의 필요 유무
부가적 공간	창고, 본부사무실 및 프레스룸, 전시업자 및 해외 참가자들을 위한 라운지, VIP room 등의 필요 유무

④ 참가자 요구사항 및 기대사항 확인

어떤 환경으로 참가자들을 만족시킬 것인가에 대해서는 예상 참가자에 대해 평가함으로써 개선 및 구축할 수 있다. 참가자관련 평가내용은 다음과 같다.

- 참가자들의 연령이 회의 장소에 대한 기대에 얼마나 영향을 미치는가?
- 참가자들이 가족 등을 동반할 것인가?
- 동반한다면 동반자를 위한 프로그램이 필요한가?
- 참가자들에게 지역의 매력과 문화적 기회가 얼마나 중요한가?
- 근처에 이용가능한 쇼핑시설 및 레스토랑이 필요한가?
- 참가자들에게 재정적인 부분이 얼마나 중요한가?

⑤ 지역 및 시설형태 선택

여행의 편의성과 잠재적 참가자들이 지불해야 할 비용, 예상되는 여행 수단, 노선 및 운항일정 확인, 고속도로와의 접근성, 주차시설 등을 고려하여, 회의의 목적과 물리적 요구에 가장 적합한 시설형태를 결정한다.

⑥ 행사 내역서 및 RFP 작성

시설 측이 행사 개최에 적합한지 평가하도록 도움을 주는 데 이용되는 서면으로 된 행사내역서(Specification)를 포함한 제안요청서(Request for Proposal, RFP)를 작성한다. RFP 준비 시에는 니즈에 대해 명확하게 표현하며, 이와 같이 준비된 문서는 다양한 공급자들과의 커뮤니케이션을 용이하게 한다. 제안요청서에 포함될 내용은 다음과 같다.

- 행사 개최 준비 단체 혹은 조직위원회에 대한 정보
- 행사 목적
- 행사 참가자에 대한 정보
- 행사 예정일 및 선호 일자
- 필요 객실 수 및 형태
- 필요 회의장 수, 규모, 이용 형태
- 수용가능한 지불금액의 범위
- 식음료 행사의 종류와 일정
- 전시, 이벤트 및 활동
- 관련 정보 및 추가 요구사항
- 제안서 검토대상, 제안서의 제출기한, 개최지 선정 결정 시기에 대한 정보

그림 3-8 **컨벤션 개최지 선정과정**

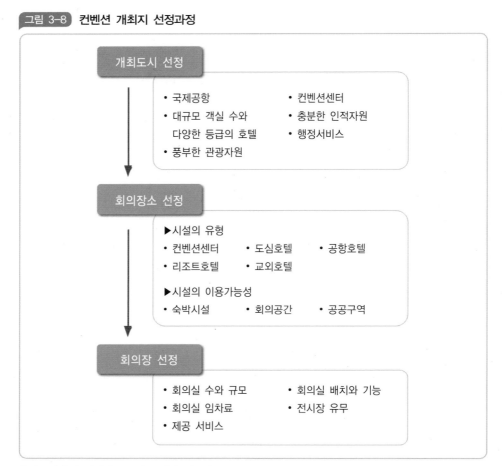

개최도시 선정

- 국제공항
- 대규모 객실 수와
  다양한 등급의 호텔
- 풍부한 관광자원
- 컨벤션센터
- 충분한 인적자원
- 행정서비스

회의장소 선정

▶시설의 유형
- 컨벤션센터 • 도심호텔 • 공항호텔
- 리조트호텔 • 교외호텔

▶시설의 이용가능성
- 숙박시설 • 회의공간 • 공공구역

회의장 선정

- 회의실 수와 규모
- 회의실 임차료
- 제공 서비스
- 회의실 배치와 기능
- 전시장 유무

출처: 이경모, 전게서를 토대로 저자 재구성

(2) 시설 평가 및 선정

시설 담당자와의 초기 접촉은 기본적인 정보를 교환하기 위한 목적으로 PCO는 행사 개최를 위해 필요한 물리적 요구사항과 행사에 관한 전반적인 내용을 제공(RFP 발송)해야 하며, 제시하는 요구사항을 시설 측이 만족시킬 수 있을 때, 시설 측은 PCO에게 시설의 상세한 정보를 담은 제안서를 보내야 한다. 이와 같은 제안서가 기획하고 있는 행사에 적합할 경우라도 시설의 현재 조건이나, 적합성을 판단하기 위해서는 후보 개최지를 직접 방문해 보는 것이 중요하다.

① 후보시설 검토 및 평가

후보시설에 대한 현장 시찰을 통해서, 개최지역 및 시설의 실제상황을 조사 및 평가하는 단계를 거쳐 객관적이고 실질적인 조사 및 평가를 수행한다. 이때 시설 측에 미리 알리지 않고 현장 시찰을 실시하여, 개최시설 직원들의 매너나 관련 서비스, 현재 유치 및 진행하고 있는 행사 등의 준비, 진행 등을 꾸밈없이 그대로 관찰, 평가하기도 한다. 시설을 검토, 평가할 때에는 체크리스트를 작성하여, 필요한 사항을 모두 체크할 수 있도록 한다.

[표 3–6] 개최지 현장시찰 체크리스트 내용

지역	1. 접근성: 비용과 편익, 공항 근접성, 장애인들의 이용편리성, 적절한 택시/리무진 서비스, 충분한 주차공간, 셔틀 서비스의 비용과 유용성, 공항 지원 서비스, 개최지의 비/성수기 2. 환경: 지역 명소의 유용성, 쇼핑, 레크리에이션, 레스토랑, 기후조건, 날씨조건, 외관, 안전성, 지역의 경제적 안전성, 지역/시설의 인지도
회의장	적합한 회의실 수, 장애인들의 접근편의성, 회의실 규모, 회의장 배열형태 수용가능여부, 세션별 예상 참가자 수에 맞는 회의실 수용능력, 용도에 맞는 조건을 갖춘 회의실의 유무 확인, 조명, 인터넷 접속 가능 여부, 휴식공간과의 근접성 등
호텔	서비스 요원들이 친절하고 효율적인가? 엘리베이터가 충분한가? 서비스 요청에 대한 응답이 신속한가? 이용자 서비스(약국, 은행, 의료 서비스 등)가 유용한가? 객실이 안락하고 깨끗한가? 표준객실과 디럭스 룸의 크기, 장애인을 위한 객실, 스위트룸의 수, 형태, 예약 절차 혹은 규정, 객실 분류 및 각 형태별 사용가능 수, 조기 도착 및 지연 출발자를 위한 사용가능한 객실 수, 컨벤션 행사용 객실 요금, 개런티 및 예약금 조건, 체크인/아웃 시간, 결제수단, 객실 및 회의실에서의 인터넷 사용, 주차시설 등
식음료 서비스	1. Public outlets: 외관과 청결성, 음식준비지역의 청결성, 피크 타임대에 충분한 직원 수, 신속하고 효율적인 서비스, 메뉴의 다양성, 가격 범위, 예약 규정 및 방침, 피크타임 이외의 시간대 시설 내 대중 식음료시설의 사용 가능성 2. 단체행사: 품질과 서비스, 메뉴의 다양성, 단체행사 전문 업체와의 접촉, 비용, 주류법, Cash bar[10] 정책(바텐더 비용, 최저시간, 음료 가격 등), 휴식시간에 제공되는 음식의 가격, 특별 서비스(맞춤형 메뉴, 주제 파티, 테이블 장식 등), 연회 테이블의 크기, 룸서비스 등

---

10) cash bar: 유료로 알코올류를 판매하는 가설 바

전시공간	하역공간 수 및 전시장까지의 접근성, 상하수도/전기가스 등의 위치, 바닥 하중, 비상구 위치, 반입/반출을 위한 충분한 시간 이용 가능성, 추가 조명의 이용성, 인터넷 접속, 전시장과 타 회의시설과의 접근성, 전시 사무국 이용성, 창고공간, 소방규정 등
사무국 및 기타 서비스	가구 및 장비 설치를 위한 충분한 공간, 조명시설, 참가자들이 이용하기 편리한 위치, 구내전화 및 연결의 용이성, 업무시간 후 보안성, 회의장 출입구가 휠체어가 다닐 정도로 폭이 넓은가?
장비	동시 개최되는 여러 행사들의 필요사항을 모두 만족시킬 수 있는가? 테이블, 의자 등

② 개최지 선정

후보지역 및 시설에 대한 검토 및 평가 후에 행사의 목적, 예산 등에 가장 적합한 시설을 선정한다.

그림 3-9 개최지 Check list(예)

```
□ 개최시설
  시설명 :
  시설 주소 :
  등급 : ☆☆☆    ☆☆☆☆    ☆☆☆☆☆   그 외
  세부연락처 : 이름 :
              직위 :
              전화번호/팩스번호 :
              E-mail :
  시설위치
  공항과의 거리
  ----------------------------------------------------------
□ Facilities Provided
  숙박시설 객실(종)류와 수 :
          Access to rooms :
          위치/전망 :
          제공시설 :

  식음료   레스토랑 수 :
          레스토랑의 종류 :
```

수용인원 :

바(Bars) 수/ 위치 :

여가/오락/그 외 시설

공공지역(Public Areas) :

☐ 컨벤션시설(회의장 및 전시장)

회의실 번호 :   규모   수용인원

전시장 번호 :   규모   수용인원

천장높이 :

하중 :

전기소켓위치 :

비사각지대 :

자연조명가능 ☐   비전기시설 ☐   무대 ☐   환기/공기정화, 냉방 ☐

가능한 시청각장비 범위 ☐   방음회의실 ☐   음향시설 ☐

Availability and capacity of breakout space :

장애자 접근성 :

창고사용의 유용성 :

(3) 시설사용계약

개최시설이 선정되면, 시설의 계약담당자와 시설 사용과 관련한 세부내역을 협의하고, 계약서 작성 후 시설사용계약을 맺는다.

[표 3-7] 개최시설 임대 계약서(예)

임대차 계약서

임대인(갑) :
임차인(을) :
행사명(국문) :
행사명(영문) :
임대기간 :
임대장소 :

제1조 계약의 목적
제2조 임대기간
제3조 임대료 및 임대료 납입
제4조 관리비 및 관리비의 예치
제5조 부대서비스 이용
제6조 시설의 일부사용 취소 및 사용기간 변경과 위약금
제7조 시설의 전무해제 및 해약금
제8조 원상복구
제9조 계약의 해제
제10조 임대료/관리비 및 부대서비스 비용 등의 개정
제11조 불가항력
제12조 용어해석
제13조 준거법 및 분쟁

본 계약서의 내용에 대하여 "갑"과 "을" 쌍방간 이의가 없으며, 상기의 계약을 명확하게 하기 위하여 계약서 2통을 작성하여 날인 후 1통을 보관한다.

○○○○. ○. ○

- 임대인 ("갑")   • 임대인 ("을")
- 서울시 ○○구 ○○동   • 서울시 ○○구 ○○동

- 주식회사 ○○○○   • 한국 ○○협회
- 대표이사 ○○○○   • 회장 ○○○

제 **4** 장

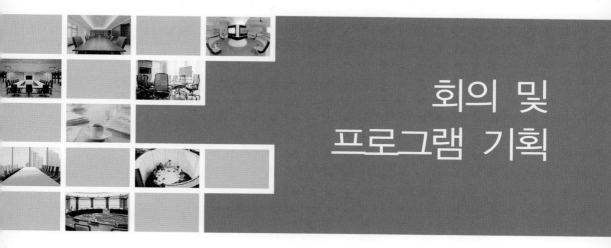

회의 및
프로그램 기획

컨 · 벤 · 션 · 기 · 획 · 실 · 무

제 4 장 회의 및 프로그램 기획

학습
목표 컨벤션 주제 및 콘셉트 개발과정과 방법을 학습한다.
프로그램 기획과정을 이해한다.
학술회의와 기업회의의 특성과 차이를 학습한다.
회의장 배치 및 운영계획을 이해한다.

제 1 절 회의 및 프로그램 개발

1. 컨벤션 주제 개발 및 목표 설정

컨벤션 주제 개발에 앞서 컨벤션 개최 목적과 목표가 정확히 수립되어야 한다. 컨벤션 목표는 컨벤션 개최지 선정에서부터 프로그램의 수립까지 컨벤션이 나아갈 방향을 제시하는 것이기 때문에, 프로그램을 기획하는 데 있어 기본이 된다. 그러므로 기획가는 컨벤션 개최의 성과 및 기대효과를 항상 염두에 두어야 한다(황희곤 · 김성섭, 2016).

컨벤션 개최 목표가 설정되었다는 것은 참가자에게 전달하고자 하는 정보 · 지식 · 이미지 · 메시지 등의 콘텐츠 방향이 정해졌다는 것을 의미한다. 따라서 이와 같은 것을 가장 함축적으로 담아내고 전달할 수 있는 주제(theme)와 제목 (title)을 개발하는 것이 프로그램 개발단계에서 제일 먼저 해야 하는 일이며, 제일 중요한 단계라고 할 수 있다(박창수, 2005).

그림 4-1 **프로그램 개발 5단계**

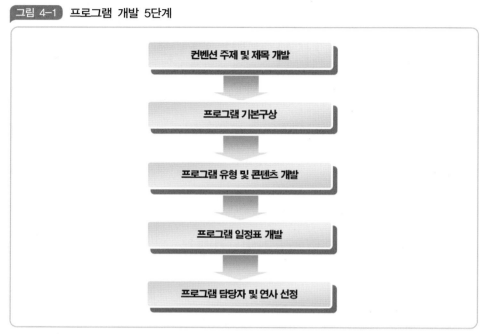

> 컨벤션 주제 및 제목 개발
>
> 프로그램 기본구상
>
> 프로그램 유형 및 콘텐츠 개발
>
> 프로그램 일정표 개발
>
> 프로그램 담당자 및 연사 선정

출처: 박창수, 컨벤션기획론(2005)을 토대로 저자 재구성

2. 컨벤션 프로그램 기본 계획

　컨벤션의 주제가 결정되면 다음 단계는 프로그램의 유형과 방향 등에 대한 기본구상을 하는 것이다. 프로그램의 기획은 컨벤션 목적에 따라 교육적 정보를 전달하거나 정보교류를 위해 다양하게 구성해야 한다. 정부회의, 기업회의, 학술회의 등 목적에 따라 중요한 회의 프로그램이 우선적으로 선정되며, 컨벤션 참가자의 요구에 맞는 사교행사 및 부대행사에 대한 프로그램 기획이 수반되어야 한다. 구체적으로 Special Lecture 및 회의 Session별 프로그램, 개·폐회식과 같은 공식행사, 환영연 및 환송연 등의 사교행사, 관광 프로그램 및 전시회 등에 관한 계획이 수립되어야 한다.

　세션별 프로그램의 경우에는 단순히 단독 세션(single session) 또는 동시 세션(concurrent session)으로 할 것인가에 대한 구상뿐만 아니라 컨벤션의 주제와 제목에 맞는 부제의 여부 및 수량 그리고 각각의 부제별 프로그램의 수준과 양에 대해서도 구상을 해야 한다.

그림 4-2 **컨벤션 프로그램 운영계획**

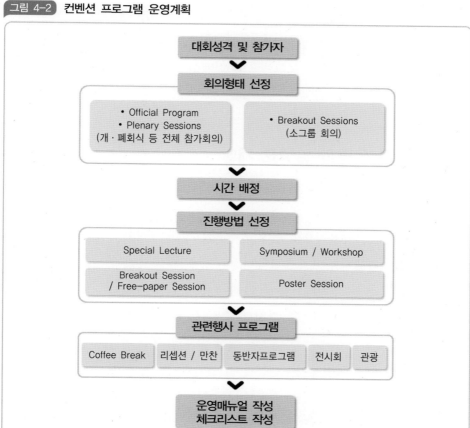

출처: 이경모, 전게서를 토대로 저자 재구성

또한 교육적 목적의 컨퍼런스(educational conference)인 경우에는 참가자의 수준을 초·중·상급 등으로 구분한 프로그램 개발 여부, 등급별 프로그램의 수와 각 등급별 프로그램이 전체 프로그램에서 차지하는 비중 등과 같은 내용을 구성해야 한다(박창수, 전게서).

컨벤션의 주요 프로그램은 각종 회의이지만 참가자 상호 간의 네트워킹

(networking) 기회를 제공하는 것도 기획가가 제공해야 할 서비스이다. 즉 컨벤션 참가를 통해 자주 만나지 못하는 회원들과의 만남과 새로운 친목의 기회를 얻을 수 있는 프로그램을 계획하는 것이 중요하다. 참가자들에게 사교(socialization)의 기회를 제공하는 coffee break, 환영리셉션, 만찬 등의 다양한 사교행사 프로그램의 구상에도 심혈을 기울여야 한다. 또한 전시회는 회의와 더불어 참가자의 지적 요구를 충족시킬 수 있는 프로그램으로 컨벤션 주제관련 전시회의 동반 개최 여부를 결정해야 한다.

3. 프로그램 유형과 일정표 개발

1) 프로그램 유형 개발[11]

컨벤션의 목표를 효율적으로 달성할 수 있는 프로그램의 구체적인 내용과 유형을 개발하기 위해서는 프로그램의 기본구상을 가장 효과적으로 달성할 수 있는 프로그램의 유형과 콘텐츠를 개발해야 한다.

프로그램의 유형과 콘텐츠를 결정할 때는 각 프로그램의 세부목표와 어울려 참가자에게 전달하고자 하는 콘텐츠의 질적 수준의 경우 어떤 유형이 가장 적절한가 하는 문제를 고려해야 한다. 뿐만 아니라 참가자의 지적 · 기술적 경험수준과 관심도에 관한 사항도 복합적으로 고려되어야 한다.

즉 참가자 전원에게 필요한 정보, 지식 및 메시지를 담고 있는 콘텐츠를 개발할 경우 참가자의 관련지식과 경험의 수준이 다르기 때문에 일정한 유형과 콘텐츠로 프로그램을 개발한다면 프로그램의 목표를 효과적으로 달성하기 어렵다.

프로그램 개발 시 주최 측 편의가 아닌 참가자 입장에서 진행해야 하며, 컨벤션의 목표 및 예산 등을 고려해서 계획해야 한다. 우선적으로 참가자들의 관심을 끌 수 있는 주제 및 연사를 정하고 여러 다양한 진행방법을 생각해야 한다. 무엇보다도 회의를 어떤 형태로 구성할 것인지를 결정한 후에 프로그램을 어떻

---

11) 박창수, 전게서를 토대로 저자 구성

게 배치할 것인지를 정해야 한다. 전차 회의의 프로그램을 참고하지만 프로그램
을 차별화하도록 노력해야 한다.

2) 컨벤션 일정표 계획

프로그램의 유형과 콘텐츠가 개발되고 나면 사교행사 및 이벤트 프로그램 등
참가자들에게 네트워킹 기회를 제공할 수 있는 프로그램을 적절하게 배정해야
한다. 예전에는 회의 외 프로그램을 컨벤션의 부수적인 행사로 인식했지만, 요
즘은 컨벤션의 목표를 효과적으로 달성할 수 있는 수단이기도 하며, 많은 참가
자를 유치할 수 있는 요소로 인정받고 있다. 특히 교육목적의 컨퍼런스의 경우,
대부분의 참가자들에게는 주의를 환기시킬 수 있는 프로그램이 일정에 배정되
는 것이 필요하다. 예를 들면, 전문가집단의 컨벤션이라면 상당한 집중력을 요
구하는 교육 및 연수 프로그램의 중간에 가벼우면서 전문 직종에서 도움이 되는
프로그램을 개설함으로써 참가자들의 관심을 불러일으킬 수 있다. 그리고 휴식
시간을 적절히 배분하고, 휴식시간을 즐길 수 있는 별도의 공간을 마련하는 것
도 중요하다.

따라서 프로그램 시간표(timetable)를 작성할 때 컨벤션의 목적, 시설의 제약,
참가자가 선호하는 프로그램의 시간배치, 숙박형태 등을 고려해야 한다. 분야가
다양하고 시간제약이 있는 경우는 동시 세션으로 진행하는 게 일반적이지만,
참가자들이 선호하는 시간대 및 프로그램이 상이할 수 있고, 동시 세션의 경우
참가자들이 선호하는 프로그램들의 시간대가 중복되어 선택에 어려움을 야기
할 수도 있다. 그러므로 동시 세션의 경우에는 세션별 주제를 상이하게 배정하
여 같은 주제가 중복되지 않도록 배정하고 참가자들이 회의장을 옮겨 다니는
횟수를 최소화하도록 구성해야 한다.

일정표는 컨벤션의 주최, 성격 및 규모에 따라 다양하므로 본서에서는 정부주
최 회의([표 4-1])와 학회주최 학술대회(〈그림 4-3〉)의 시간표를 소개한다.

[표 4-1] 사례: 2018 글로벌 인프라 협력 컨퍼런스 행사일정

2018. 09. 18(화)		
08:00- 09:40	참가자 등록 확인	등록데스크(B1)
10:00 - 12:00	개막식 및 기조연설	하모니볼룸

- 기조연설 1: 글로벌 건설시장 전망과 미래-제4차 산업혁명을 활용한 해외건설시장 진출 활성화
  Keynote Speech 1: Global Construction Market Forecast and Future(Mr. Scott Hazelton, Managing Director, IHS Markit) (Mr. Scott Hazelton, IHS Markit 부사장)

- 기조연설 2: 글로벌 PPP시장 전망과 진출 전략
  Keynote Speech 2: Global PPP Market Forecast and Strategy(Mr. Alvaro de la Maza, Partner, InfraPPP World) (Mr. Alvaro de la Maza, InfraPPP World 파트너)

- 기조연설 3: 한국의 스마트시티: 도시개발과 도시관리에서의 경험과 발전방향
  Keynote Speech 3: A Smart City Approach to Urban Development and Management in Korea(Mr. Kim Kyung-hwan, Professor, Sogang University) (김경환, 前 국토교통부 차관/ 現 서강대학교 교수)

- 기조연설 4: PPP사업지원을 위한 KIND의 역할
  Keynote Speech 4: Introduction & Roles of KIND in Infrastructure PPP Projects(Mr. Hur Kyong-goo, President & CEO, Korea Overseas Infrastructure & Urban Development Corperation) (허경구, 한국해외인프라도시개발지원공사 사장)

12:00 - 13:30	국토교통부장관 주최 오찬	다이아몬드홀
14:00 - 18:00	프로젝트설명회 (세션1: 도로, 철도)	하모니볼룸 1
	프로젝트설명회 (세션2: 스마트시티, 수자원, 공항, 항만)	하모니볼룸 2
	프로젝트설명회 (세션3: 플랜트, 종합개발계획)	하모니볼룸 3
	프로젝트설명회 (세션4: MDB/금융)	알레그로
18:30 - 20:30	해외건설협회장 주최 만찬	다이아몬드홀

2018. 09. 19(수)		
08:00 - 15:30	VIP 투어(대상: 해외 장차관)	DMZ
10:00 - 18:00	개별 상담회(대상: 해외 초청인사 및 신청기업)	하모니볼룸 / 알레그로
14:00 - 16:30	이라크 재건사업 설명회	다이아몬드홀
18:00 - 22:00	문화탐방(대상: 해외 초청인사)	정동

2018. 09. 20(목)		
09:00 - 14:30	산업시찰(대상: 해외 초청인사)	인천

출처: 행사홈페이지(www.gicc.kr)

그림 4-3 2019년 서울국제내분비계 학술대회 일정표

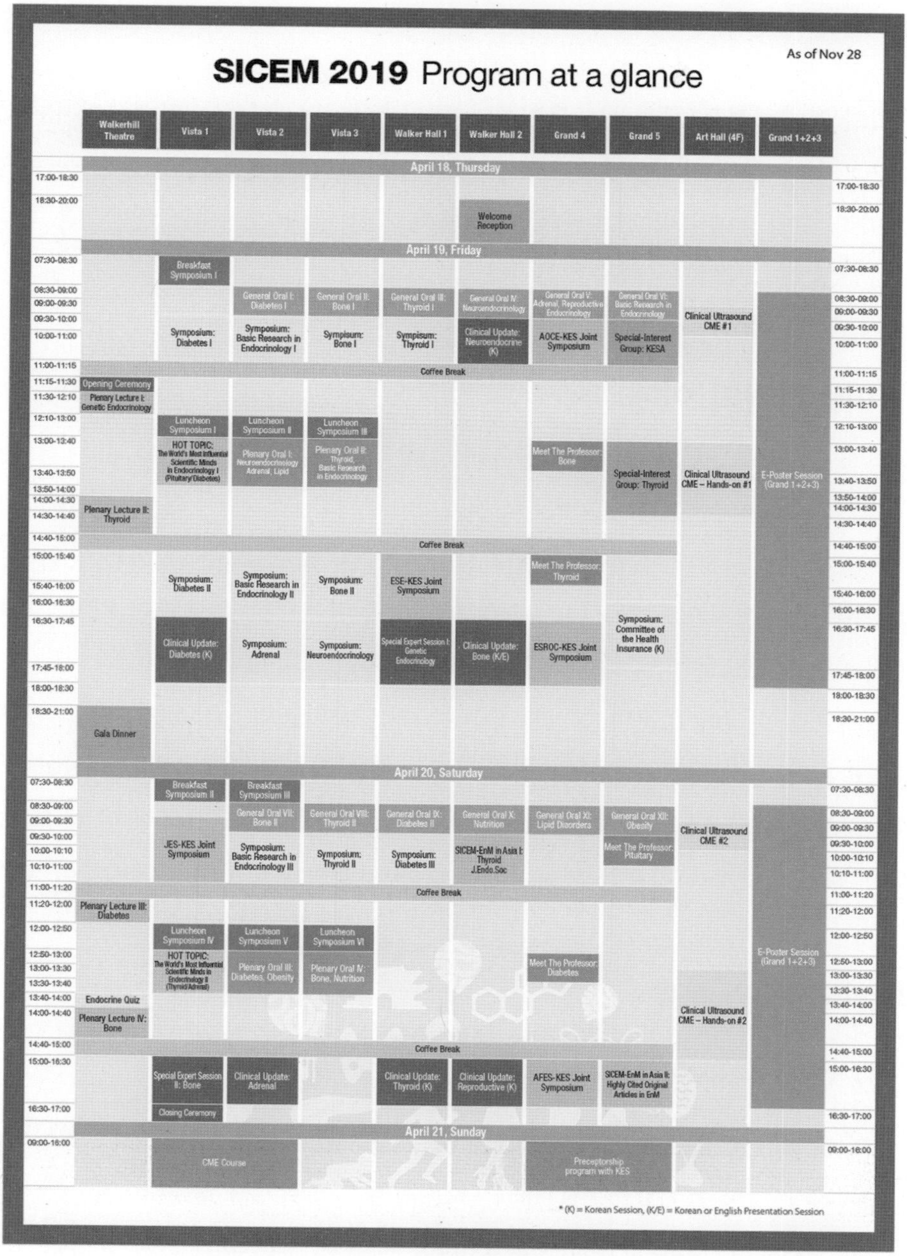

SICEM 2019 Program at a glance

As of Nov 28

Time	Walkerhill Theatre	Vista 1	Vista 2	Vista 3	Walker Hall 1	Walker Hall 2	Grand 4	Grand 5	Art Hall (4F)	Grand 1+2+3
April 18, Thursday										
17:00-18:30										
18:30-20:00						Welcome Reception				
April 19, Friday										
07:30-08:30		Breakfast Symposium I								
08:30-09:00 / 09:00-09:30 / 09:30-10:00 / 10:00-11:00		Symposium: Diabetes I	General Oral I: Diabetes I / Symposium: Basic Research in Endocrinology I	General Oral II: Bone I / Symposium: Bone I	General Oral III: Thyroid I / Symposium: Thyroid I	General Oral IV: Neuroendocrinology / Clinical Update Neuroendocrine (K)	General Oral V: Adrenal, Reproductive Endocrinology / AOCE-KES Joint Symposium	General Oral VI: Basic Research in Endocrinology / Special-Interest Group: KESA	Clinical Ultrasound CME #1	
11:00-11:15				Coffee Break						
11:15-11:30 / 11:30-12:10	Opening Ceremony / Plenary Lecture I: Genetic Endocrinology									
12:10-13:00		Luncheon Symposium I	Luncheon Symposium II	Luncheon Symposium III						
13:00-13:40 / 13:40-13:50		HOT TOPIC: The World's Most Influential Scientific Minds in Endocrinology I (Pituitary/Diabetes)	Plenary Oral I: Neuroendocrinology Adrenal, Lipid	Plenary Oral II: Thyroid, Basic Research in Endocrinology			Meet The Professor: Bone	Special-Interest Group: Thyroid	Clinical Ultrasound CME – Hands-on #1	E-Poster Session (Grand 1+2+3)
13:50-14:00 / 14:00-14:30 / 14:30-14:40	Plenary Lecture II: Thyroid									
14:40-15:00				Coffee Break						
15:00-15:40 / 15:40-16:00 / 16:00-16:30		Symposium: Diabetes II	Symposium: Basic Research in Endocrinology II	Symposium: Bone II	ESE-KES Joint Symposium		Meet The Professor: Thyroid	Symposium: Committee of the Health Insurance (K)		
16:30-17:45		Clinical Update: Diabetes (K)	Symposium: Adrenal	Symposium: Neuroendocrinology	Special Expert Session I: Genetic Endocrinology	Clinical Update: Bone (K/E)	ESROC-KES Joint Symposium			
17:45-18:00 / 18:00-18:30										
18:30-21:00	Gala Dinner									
April 20, Saturday										
07:30-08:30		Breakfast Symposium II	Breakfast Symposium III							
08:30-09:00 / 09:00-09:30 / 09:30-10:00 / 10:00-10:10 / 10:10-11:00		JES-KES Joint Symposium	General Oral VII: Bone II / Symposium: Basic Research in Endocrinology III	General Oral VIII: Thyroid II / Symposium: Thyroid II	General Oral IX: Diabetes II / Symposium: Diabetes III	General Oral X: Nutrition / SICEM-EnM in Asia I: Thyroid J.Endo.Soc	General Oral XI: Lipid Disorders	General Oral XII: Obesity / Meet The Professor: Pituitary	Clinical Ultrasound CME #2	
11:00-11:20				Coffee Break						
11:20-12:00	Plenary Lecture III: Diabetes									
12:00-12:50		Luncheon Symposium IV	Luncheon Symposium V	Luncheon Symposium VI					E-Poster Session (Grand 1+2+3)	
12:50-13:00 / 13:00-13:30 / 13:30-13:40		HOT TOPIC: The World's Most Influential Scientific Minds in Endocrinology II (Thyroid/Adrenal)	Plenary Oral III: Diabetes, Obesity	Plenary Oral IV: Bone, Nutrition			Meet The Professor: Diabetes			
13:40-14:00 / 14:00-14:40	Endocrine Quiz / Plenary Lecture IV: Bone								Clinical Ultrasound CME – Hands-on #2	
14:40-15:00				Coffee Break						
15:00-16:30		Special Expert Session II: Bone	Clinical Update: Adrenal		Clinical Update: Thyroid (K)	Clinical Update: Reproductive (K)	AFES-KES Joint Symposium	SICEM-EnM in Asia II: Highly Cited Original Articles in EnM		
16:30-17:00		Closing Ceremony								
April 21, Sunday										
09:00-18:00		CME Course					Preceptorship program with KES			

* (K) = Korean Session, (K/E) = Korean or English Presentation Session

출처: 학술대회 홈페이지(www.sicem.kr)

제**2**절   회의 기획

회의는 컨벤션을 개최하는 목적이자 핵심분야이다. 회의는 컨벤션의 유형에 따라 다양한 형태로 나타난다. 즉 정부회의, 기업회의, 학술회의, 총회 등 유형에 따라 회의의 유형이 결정된다. 국내에서 가장 많이 개최되는 컨벤션은 학술적인 정보를 교류하는 학술회의이다.

1. 학술회의의 이해

1) 학술회의의 개념

학술회의는 선정된 주제에 대한 최신정보 입수, 정보교류뿐만 아니라 학자들의 연구를 공식적으로 발표하는 장(場)이다. 일반적으로 학술관련 단체, 학회, 협회 및 연구소 등이 주최한다.

그러므로 회의의 성공이 참가자 수뿐만 아니라 발표된 논문들의 수와 질로써 평가받는다. 참가자들의 대다수가 논문발표를 목적으로 하므로 다른 회의보다 참가자의 참여가 적극적이며 중요하다. 또한 논문준비, 논문심사 등의 학술적인 작업 등으로 장기간 필요한 회의이므로 다른 컨벤션에 비하여 준비기간이 길다.

2) 학술회의의 분류

(1) 전체회의(plenary session)

회의의 가장 중심이 되는 초청연사(keynote speaker)가 강연하는 회의로서 전체회의가 배정되어 있는 시간대에 다른 회의는 개최되지 않는다. 대부분 발표시간은 50~60분 정도이다. special lecture, keynote speech도 이와 유사한 형태의 회의이다.

(2) 심포지엄(symposium)

keynote speaker는 아니지만 해당분야의 저명한 초청연사들로 구성되어 발표하고 토론하는 회의 형태이다. 보통 3~4명의 연사로 구성되며, 1인당 발표시간은 20~30분 정도이며, 여러 세션이 동시에 진행되기도 한다.

(3) 일반 연제(free paper)

초청연사가 아닌 일반 참가자들이 논문을 제출, 심사를 거쳐 발표하는 회의 형태이다. 보통 연사당 발표시간은 10분 정도이다. 동 시간대에 여러 세션이 진행되므로 Breakout session, Concurrent session이라고도 한다.

일반연제의 발표방법은 학술회의장에서 구두로 발표하는 verbal(oral) presentation과 별도의 행사장에서 포스터를 전시하여 발표하는 poster presentation으로 구분된다. 일반적으로 포스터 발표는 언어적인 문제로 구두 발표가 어려운 경우나 심사평가 결과가 약간 낮은 경우에 해당되기도 한다.

[표 4-2] 세션별 특징 및 내용

세션명	내용
Plenary Session	참가자 전원이 참석, 테마와 주제는 폭넓은 분야로 저명인사(keynote speaker)의 강의를 중심으로 진행
Keynote Speech	회의주제와 관련된 분야의 권위 있는 인사가 폭넓은 지식과 정보 제공
Special Lecture	특별강연, plenary과 session과 keynote speaker와 유사
Breakout Session	분과회의, 일부 참가자만 참여하여 주제를 심도 있게 다룸 (workshop, solution workshop)
Concurrent Session	같은 시간대에 여러 개의 다른 주제의 소집단회의가 동시에 개최
Lecture	주로 전체 회의에 사용되는 방식으로 보통 저명인사의 연설을 듣는 것
Round Table Discussion	관심 있는 topic을 갖고 한정된 참가자가 한 테이블에서 토의 또는 대화
Pre-Post Congress Tutorials	학생이나 어떤 분야의 초급자 또는 일반참가자를 위한 교육 Course로 본회의 전 또는 회의 종료 후 개최
Satellite Meeting	정식회의 시작 전에 각국의 이사진이나 분과위원회가 개최하는 회의
Contributed Paper	프로그램 일정에 따라 Oral Presentation(구두발표) 또는 Poster Presentation (포스터 발표)으로 구분
Poster Session	학술회의/과학, 기술회의에서 많이 사용되는 방식으로 이해를 돕기 위해 구두 설명보다 그림, 사진과 함께 글로 표현하거나 발표내용을 게시
Scientific Demonstration	topic을 정하여 지정된 연사가 Demonstration 또는 실연

2. 학술회의 준비업무

1) 학술업무 개요

컨벤션 중 학술대회의 업무는 일반 컨벤션보다 준비업무가 더 많으며 준비기간도 오래 걸린다. 학술대회의 경우, 초청연사 외 일반참가자의 학술발표가 함께 개최되므로 일반논문에 대한 접수, 심사, 심사통보 등 진행과정이 복잡한 편이다.

[표 4-3] 학술업무 및 절차

업무내용	업무절차	
학술운영 기본계획 수립	주제 선정	• 전체 주제 선정
		• 소주제(Session별 주제) 선정
	논문 접수계획	• 초록(abstract) 접수기간 결정
		• 논문 접수기간 결정
		• 모집 논문 수 결정
	회의 시간 및 장소 배정 계획	• 전체회의 시간/장소 계획
		• 분과회의 시간/장소 계획
		• 포스터 발표 시간/장소 계획
초청자 관리	연사초청	• 초청 대상 연사 선정
		• Invitation Letter 발송
		• 초청 일정 및 조건 협의
		• 발표 주제 협의
		• 최종 수락 확인
		• 발표 원고 접수
	좌장 요청	• Session별 좌장 선정
		• 좌장 요청 편지 발송
		• 조건 협의
		• 최종 수락 확인
		• Session별 발표자료 및 발표자 약력 발송
발표자료 관리	논문접수 독려	• Call for Paper 제작
		• Call for Paper 발송
	초록 관리	• 초록 접수 프로그램 구축
		• 초록 접수
		• 초록 접수 확인서 발송
		• 초록 심사
		• 초록 심사 결과 통보
	논문 관리	• 논문 접수 프로그램 구축
		• 논문 접수
		• 논문 접수 확인서 발송
		• 주제별 논문 분류

	자료집 제작	• 초록집 제작
		• 논문집/논문 CD-ROM 제작
발표자 관리	발표 스케줄 조정	• 발표예비스케줄(Preliminary Program)
		• 변경 요청 접수 및 스케줄 조정
		• 최종 프로그램 스케줄 확정
		• 발표자 개별 스케줄 공지
	발표자 정보 수립	• 발표자 약력 기재 양식 발송
		• 기자재 요청 신청서 및 저작권 이양서 발송
		• 발표자 요청사항 정리
현장운영 준비	학술회의장 Layout 확정	• 각 회의장 확인 및 사용계획서 작성
		• 전체회의용 회의실 배치
		• 분과회의용 회의실 배치
		• 포스터 발표장(Poster Session Room)
		• Preview Room 배치
		• 회의실 내부 Layout 결정
	학술회의장용 제작물 준비	• 제작물 종류 및 수량 결정
		• 제작비용 조사(견적요청)
		• 제작물 발주
	학술회의용 기자재/가구 준비	• 필요 기자재 및 가구/비품의 종류와 수량 파악
		• 임차비용 조사(견적요청)
		• 업체 선정 후 임차계약서 작성 및 계약
현장운영 관리	학술회의장 조성	• 관련 제작물 설치
		• 회의장별 필요 기자재/가구 설치
	학술회의장 운영	• 학술요원 교육/배치
		• 전체회의장 운영
		• 분과회의장 운영
		• 포스터발표장 운영
		• Preview Room 운영
		• 일일 학술운영현황 정리
사후 보고	학술 보고	• 일일 학술 보고
		• 최종 학술 보고

출처: 지방공무원을 위한 국제회의 · 이벤트편람(2006)

2) 학술회의 준비업무

학술회의 준비업무는 크게 초청연사, 회의기획 및 진행, 회의별 좌장 선정, 발표논문 등의 4분야로 구성된다.

그림 4-4 학술회의 업무흐름도

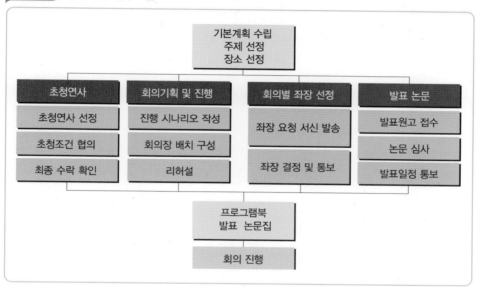

(1) 초청연사 업무: 우선적으로 해야 할 업무

회의에서는 Keynote Speaker가 누구이며, 누가 Invited Speaker로 오는가가 회의의 위상을 정하는 중요한 요인이 된다.

그러므로 주최자는 빠른 시기에 후보자를 선정, 정식초청장을 발송하고 초청연사의 결정을 우선으로 해야 한다.

① 초청대상 연사를 선정하여 초청장(official invitation letter)을 발송한다. 초청연사는 참가 결정요인 중 하나이므로 항공료, 숙박료, 체재비, 강연료 등 대부분의 경비를 지원해 주며, 중요도에 따라 예우 정도에 차등을 둔다. 또한 유명인사일수록 조기에 초청하도록 한다.

② 대상자와 초청조건 및 컨벤션에서의 역할 등에 대하여 협의한다.

③ 최종적으로 수락여부를 파악한다. 수락의 경우 서면으로 수락서를 받도록 한다.

(2) 논문관리: 회의개최 1년 전부터 진행

① 예상참가자들을 대상으로 논문제출 안내문(Call for Paper)을 발송하며 논문을 접수받는다.

② 접수된 논문은 적절한 심사위원들의 공정한 심사를 통해 발표가능/발표불가 등으로 논문 채택여부를 결정한다.

③ 논문심사 후 제출자에게 결과를 통보하며, 발표 시 필요한 기자재에 대한 신청을 받는다.

④ 학술위원회에서 분야별, 주제별 등으로 분류 프로그램을 구성한다.

⑤ 프로그램을 연사에게 통보하여 현장에서의 발표준비를 유도한다.

(3) 좌장(chair) 선정: 회의개최 4개월 전

① 회의세션이 구성되면 각 회의별 회의를 진행할 좌장(Chair)을 선정한다.

② 좌장의 경우 후보를 선임하여 당사자에게 좌장수락을 요청한다.

③ 좌장 수락여부를 파악, 회의세션별 좌장을 최종적으로 선정한다.

④ 좌장은 회의개시 전에 회의장에 와 있어야 하며, 연사의 이름, 소속 및 간단한 약력 등을 파악하여 발표 직전에 참석자에게 소개하고 발표시간 준수, 질의응답, 토론 등의 진행업무를 담당한다.

(4) 회의기획 및 진행: 회의개최 2개월 전

① 모든 회의에 대한 구성이 완료된 후 회의 진행에 대한 시나리오를 작성한다.

② 회의 프로그램, 회의 성격 및 연사의 요청에 따라 적절한 회의장을 배치해야 하며 회의를 위해 필요한 기자재 및 설비를 준비한다.

③ 회의장에서 회의개최 전에 리허설을 진행하여 문제점 등을 파악해서 미리미리 보완한다.

제3절 회의장 배치 및 운영계획

1. 회의장 배치계획

1) 회의장 배정계획

각종 회의프로그램이 확정되면 회의실 사용계획을 수립해야 한다. 회의의 종류, 좌석형태, 수용인원, 투입기자재 등을 고려하여 배정해야 한다.

그림 4-5 회의장 배정계획 사례

Division	Fl.	28	29	30	1	2	3	4	5	6
Convention Hall-A	B1						09:00-12:30 Patent / 14:00-15:30 Workshop (1)		09:00-17:00 Council Meeting / 18:30-22:00 Farewell Party	
Convention Hall-B						09:00-12:30 Copyright	16:00-17:30 Council Meeting	무대 및 장식 Setting		
Convention Hall-C						09:00-12:30 Trademark				
Lobby		Registration & Social Desks								
Diamond Hall							09:00-12:30 Anti-Counterfeiting / 14:00-15:30 Workshop (2)			
Emerald	2F					14:00-17:00 ICC Meeting / 18:30-20:30 Welcome Reception	09:00-12:30 Design / 20:00-00:00 Hospitality Night	20:00-00:00 Hospitality Night	20:00-00:00 Hospitality Night	
Ruby						12:00-14:00 ICC Lunch				
Opal		Organizing Room (VIP Room)								
Sapphire						10:00-12:00 APAA Statutes Revision Group Meeting	12:30-14:00 APAA Special Luncheon / 20:00-00:00 Hospitality Night	18:00-22:00 ASEAN IP Meeting (dinner)	12:30-14:00 FICPI, APAA Lunch / 17:00-19:00 APAA 30주년총회획의	
Maple		Secretariat/Storage			08:30-18:00 Internet Lunge					
Mahogany		Secretariat								
Topaz+Poolside	B1						12:30-14:00 Lunch			
Terrace Garden						18:00-20:00 Welcome Reception			12:30-14:00 Lunch	
Lakeside Garden						19:00-22:00 Kyongju Fantasy Night				

회의별 회의장 배치계획은 우선적으로 Plenary Lecture, Symposium 또는 Free/Contributed Paper(Poster Presentation 포함)의 Topic별 수에 따라 Scientific Program을 편성한다. 그리고 회의 일수와 편당 발표시간을 감안하여 Session수를 정하여 각 Session별로 발표 Schedule을 편성하며, 공식·사교행사, Excursion 및

Break Time을 고려해야 한다.

회의장 배정 시 회의 진행의 흐름을 고려하여 서로 연관성 있는 회의는 가능한 한 가까이에 배치하여 참가자들의 동선이 짧도록 해야 한다.

회의장 배정이 완료되면 기본적으로 발표자와 청중에게 최적의 환경을 제공하도록 회의장별 좌석, 기자재 배치 등에 대한 세부적인 계획을 수립해야 한다.

2) 좌석배치 계획

회의장 조성에서 가장 먼저 결정해야 할 사항은 좌석배치이며, 좌석배치는 회의의 종류에 따라 다양하다.

[표 4-4] 회의장 좌석배치 유형

유형	내용	장점/단점
극장식 theatre style	극장처럼 테이블 없이 의자만 배치한 형태	– 많은 인원 수용 가능 – 테이블이 없어 청중이 불편
학교식 classroom style (school style)	– 학교 강의실처럼 테이블과 의자가 함께 배치되어 있는 형태 – 장시간의 세션에 적당	– 참가자의 충분한 작업공간 확보 – 많은 공간 소요
U-shape (board style)	15~20명 정도의 소규모 회의에 적합 (이사회 및 전문그룹회의)	– 다른 형태에 비해 공간이 많이 소요됨 – 그룹의 상호작용에 좋으며 집중할 수 있음
hollow square	– 도넛처럼 가운데가 비어 있는 형태 – 특정한 주빈석이 없는 형태	주빈석이 없으므로 좌석배치가 용이함

일반적으로 회의장은 참가자들이 회의 자료를 참조하고 필기나 메모가 필요하므로 대부분 책상과 의자가 함께 배치되어 있는 학교식 스타일을 선호한다. 그러나 회의장 규모가 협소한 경우 학교식과 극장식을 혼용하여 배치하기도 한다.

그림 4-6 회의장 좌석배치 유형

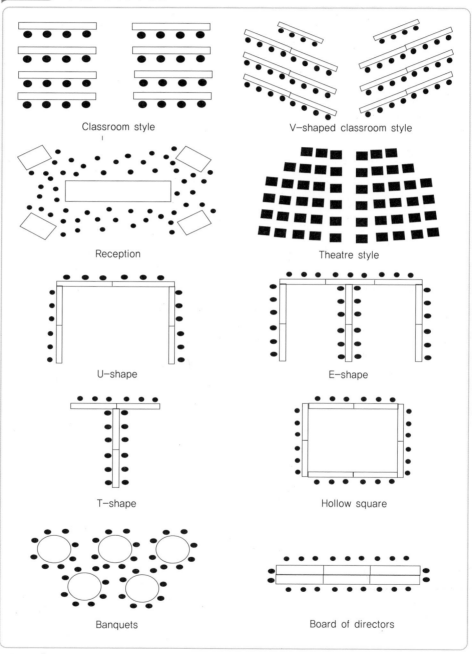

Classroom style

V-shaped classroom style

Reception

Theatre style

U-shape

E-shape

T-shape

Hollow square

Banquets

Board of directors

출처: 이경모(2005), 전게서

2. 회의장 운영계획

1) 회의장 세팅

　회의장에 대한 사용계획이 결정되면 회의장 디자인 및 배치방법을 결정해야한다. 사용하게 될 회의장에 대해서는 좌석, 무대, 기자재 배치사항 등을 도면(floor plan, layout)으로 작성하여 시설공급업체의 담당자(현장운영매니저)에게전달하여 정확한 세팅이 이루어지도록 한다.

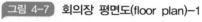 그림 4-7　회의장 평면도(floor plan)-1

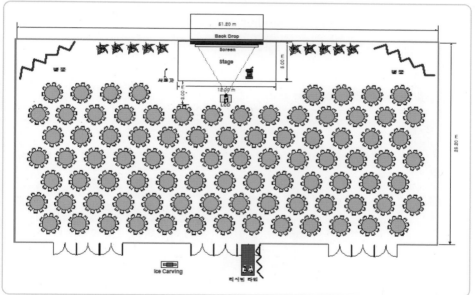

(1) 헤드테이블과 연단 배치

　헤드테이블(head table)과 연단(podium)은 참가자의 시야를 가리지 않게 참가자의 좌석보다 높게 배치하고 참가자 좌석 첫 열과의 거리는 최소한 1.8m를유지하는 것이 좋다.

　헤드테이블은 연사, 패널리스트, 사회자 등 착석할 사람들의 수를 고려하여 적당한 크기로 준비하고 의자의 앞뒤 공간도 충분히 유지하여 연단으로 쉽게 걸어 나올 수 있도록 한다.

(2) 회의장 기자재 배치

회의에서 발표되는 내용은 새로운 주제가 중심이 되기 때문에 구두발표만으로는 이해하기 어려운 경우가 많다. 그러므로 발표내용을 청중이 이해하기 쉽도록 보조수단으로 시청각 기자재를 사용한다. 주최자는 사전에 발표자들로부터 필요한 기자재를 기자재 신청서에 의해 신청받아 미리 준비한다.

대부분 파워포인트로 작업하여 빔 프로젝트와 컴퓨터를 사용하며 가끔 동영상이나 인터넷을 사용하므로 이에 대한 사전 준비를 철저히 하여 발표자가 최적의 환경에서 발표할 수 있도록 한다.

그림 ▪ 4-8 회의장 평면도(floor plan)-2

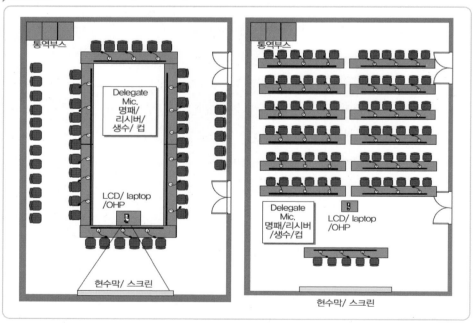

2) 통역(Interpretation)

일반적으로 컨벤션의 공식 언어는 영어가 대부분이지만, 참가자의 인구통계학적 특성에 따라 영어 외 언어가 공식 언어로 사용되기도 한다. 예를 들어 한중일 컨벤션의 경우에는 한국어, 중국어, 일본어를 공식 언어로 사용하기도 하며, 참가국가가 많은 세계대회는 영어뿐만 아니라 스페인어, 불어 등 여러 개의 공식 언어를 선정하는 경우도 많다. 그러나 의학학술대회 등 특수한 분야의 경우는 잘못된 전문용어 통역이 내용을 왜곡시킬 위험성이 있으므로 영어를 공식 언어로 사용한다.

컨벤션에서의 통역은 다른 분야와 비교하여 상대적으로 비중은 적지만 회의의 질을 평가하는 중요 요소이므로 우수한 통역사 확보 등 세심한 관리와 주의가 필요한 분야이다. 특히 국제적인 이슈와 국가 간의 중요사안을 다루는 회의인 경우 철저한 계획과 각별한 관리가 요구된다.

그리고 통역은 통역사뿐만 아니라 통역부스를 포함한 통역장비도 중요한 요소이므로 이에 대한 계획과 관리에도 소홀해서는 안 된다. 동시통역을 위한 부스는 회의장에 설치되어 있는 기존 통역시설을 이용하기도 하고, 이동용 통역부스를 원하는 위치에 설치하여 사용하기도 한다. 또한 통역수신방식은 FM방식과 적외선 방식, 2가지 타입이 있는데 보안이 중요한 회의의 경우는 인근에서도 수신이 가능한 FM방식보다는 해당 회의장에서만 수신이 되는 적외선 방식을 사용하는 것이 바람직하다.

(1) 통역의 유형

① 동시통역(Simultaneous Interpretation)

동시통역은 동시통역기기를 이용하며 동시통역사가 담당한다. 대규모의 회의, 2개 이상의 언어 및 장시간을 요하는 회의에 적합하지만 통역사 비용과 통역시스템 비용이 부담스럽기도 하다.

② 순차통역(Consecutive Interpretation)

통역장비 없이 발표자가 연설을 하면 통역사가 뒤이어 해당하는 언어로 통역하는 경우이다. 순차통역은 동시통역보다 많은 시간이 소요되므로 대규모의 회의 혹은 학술회의, 장시간 연설 등에는 적합하지 않다. 순차통역은 개회식 혹은 폐회식, 리셉션 등에서 하는 짧은 인사말에 적당하다.

(2) 통역사 확보

소수의 통역사가 필요한 경우 프리랜서를 고용하지만, 대규모 컨벤션의 경우 전문 통역사 공급회사와 계약을 체결한다. 국제기구나 단체의 경우 공식 통역사를 고용하고 있기도 하므로 사전에 본부에 확인해서 진행해야 한다. 또한 동시통역의 경우 반드시 복수의 통역사가 진행해야 하므로 예산수립 시 이를 고려해야 한다. 통역사 계약 시 투입인력의 경력, 근무조건 및 비용 등을 치밀하게 확인해야 한다.

그림 4-9 **국내 통역사 다국어 통역프로세스**

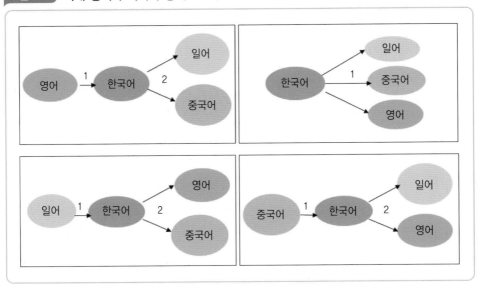

국내 통역사는 한국어를 기본으로 외국어를 통역하는 경우가 대부분이고 외국어 대 외국어의 통역사는 충분치 않으므로 치밀한 수급계획을 수립해야 한다 (이은성, 2004). 〈그림 4-9〉는 한국어가 모국어인 국내 통역사의 경우 다국어에 대한 통역프로세스를 설명한 것이다.

(3) 동시통역 서비스를 위한 준비사항

최상의 동시통역 서비스를 제공하기 위해서는 필수적으로 준비하고 고려해야 할 사항들이 있다.

① 사전에 통역사에게 연사의 명단, 소속 등의 정보제공 및 발표원고를 제공하여 통역사가 준비할 수 있도록 한다. 통역 대상자와 통역해야 할 내용에 대한 정보가 많을수록 양질의 통역이 가능하며 이는 청중들의 만족도 상승으로 연결될 수 있다.

② 통역사와 연사와의 최상의 커뮤니케이션을 위해 회의 전에 사전미팅을 제공하여 충분한 대화가 이루어지도록 한다.

③ 통역사가 최적의 환경에서 수행할 수 있도록 통역부스 내의 조명, 음향 등 시스템을 사전에 철저히 점검해야 하며, 엔지니어가 상시 대기하여 유사시 발생할 수 있는 사태에 대비해야 한다.

④ 통역사는 연사의 얼굴과 입을 봐야 하기 때문에 통역부스 위치 선정 시 연단 및 스크린과의 위치를 고려해야 한다. 즉 통역사의 시야를 가리는 위치는 피해야 한다.

제 **5** 장

등록 및
숙박 기획

컨 · 벤 · 션 · 기 · 획 · 실 · 무

제 5 장 등록 및 숙박 기획

학습
목표 컨벤션 등록 및 숙박의 개념을 이해한다.
등록과 숙박의 계획과정을 학습한다.
등록과 숙박의 준비 및 운영과정을 학습한다.

제1절 등록 기본계획

1. 컨벤션 등록의 기본

1) 컨벤션 등록의 개념

등록은 컨벤션 참가를 공식적으로 확인하는 절차로(박창수, 2005), 컨벤션에서 다른 이벤트와는 달리 참가자에 대한 관리가 중요한 만큼 등록(Registration)은 가장 기본적이며 중요한 분야이다. 즉 한 단체에서 회원을 관리하는 업무와 유사하며 참가자들에 대한 정확한 정보와 DB관리가 중요한 업무이다. 그러므로 등록시스템(Registration System) 및 진행과정(Procedure)에 따라 등록의 성공 여부가 결정된다.

등록은 참가자들과 긴밀하게 커뮤니케이션하는 업무이고, 등록데스크는 컨벤션 개최 시 참가자들에게 가장 먼저 눈에 띄고 처음 마주하는 공간이라는 특성으로 컨벤션의 첫인상(First Impression)을 결정짓는 중요한 분야이기도 하다. 또한 전체 등록자의 수가 컨벤션의 규모를 평가할 뿐 아니라 성공을 판단하는 기준으로 적용되고 있으며, 특수한 경우를 제외하고는 등록비가 전체 예산의 주요 수입원이 된다.

컨벤션에 참가하고자 하는 사람은 누구나 등록을 해야 하며 등록을 하지 않으면 회의장을 비롯하여 행사장 출입이 금지되며 회의자료 등을 배포받을 수 없다.

2) 등록계획의 기본방향

컨벤션 등록계획은 편의성(Convenience), 신속성(Fast), 효율성(Efficient) 및 체계적인 관리(Management)를 중심으로 수립되어야 한다.

그림 5-1 등록계획의 기본방향

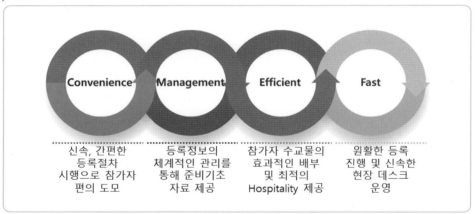

Convenience	Management	Efficient	Fast
신속, 간편한 등록절차 시행으로 참가자 편의 도모	등록정보의 체계적인 관리를 통해 준비기초 자료 제공	참가자 수교물의 효과적인 배부 및 최적의 Hospitality 제공	원활한 등록 진행 및 신속한 현장 데스크 운영

편의성(Convenience)은 간편한 등록절차를 통해 참가자들의 편의를 도모해야 한다. 즉 홈페이지와 연계된 온라인 등록 프로그램 구축으로 등록시스템의 전산화가 필요하고, 시간적·공간적 제약으로부터 자유로운 등록환경을 제공해야 한다. 신속성(Fast)은 원활한 등록 진행 및 현장 등록데스크의 신속하고 정확한 운영을 의미한다. 현장에서 온라인 시스템을 통해 신속하게 등록을 확인하고 처리해야 하며, 숙련된 등록전문가와 훈련된 전문요원의 배치로 원활한 현장이 운영되어야 한다.

효율성(Efficient)은 참가자들에게 도움이 되는 수교물 지급 및 최적의 환대서 비스를 제공하는 방향으로 계획되어야 한다. 사전답사를 통한 철저한 현장등록 계획 수립으로 등록 동선 및 현장운영의 최적화, 업무 효율성의 극대화를 도모 해야 한다. 또한 식사 기호 등 특이사항 체크를 통해 최적의 환대(hospitality) 서비스를 제공해야 한다.

마지막으로 체계적인 관리(Management)는 등록 데이터의 체계적인 관리를 통해 컨벤션 준비에 필요한 기초자료를 제공하는 데 있다. 온라인과 오프라인 정보에 대한 통합관리를 통해 정확한 DB를 구축해야 한다. 또한 효율적인 관리 자 프로그램 구축을 통해 DB의 다양한 통계 추출 및 데이터화 작업이 수행되어 야 한다. 이러한 일련의 작업을 통해 입·출국, 호텔, 회의 참석, 동반자 및 관광 정보 확보로 업무의 효율성을 도모할 수 있다.

3) 등록업무 개요

[표 5-1] 등록업무별 절차

업무 내용	업무 절차	
등록비 계획	등록비 결정	• 등록비/환불정책 검토
		• 등록비 확정
		• 환불조건 결정
	등록비 결제계획 수립	• 등록비 결제수단 결정
		• 전자결제시스템 구축
		• 계좌 개설
참가 독려	발송계획 수립	• 관련 리스트 확보
		• 주소 및 연락처 확인
		• 예상 참가자 DB 구축
		• 발송 시기 및 횟수 결정
	등록신청서 제작	• 등록신청서 포함 항목 결정
		• 등록신청서 시안 작성

		• 등록신청서 시안 제작
		• 등록신청서 시안 검토 및 수정
		• 등록신청서 최종 확정
	발송/반송 관리	• 등록신청서 발송
		• 반송 우편물 정리
		• 예상 참가자 DB update
		• 등록신청서 발송
		• 반송 우편물 정리
		• 예상 참가자 DB update
등록접수 관리	사전등록 접수	• 온라인 등록프로그램 구축
		• 사전등록신청서 접수 확인
		• 등록확인서 발송
		• 등록비 결제 확인
		• Invoice 발송(필요시)
		• 등록비 결제 확인 영수증 발송
		• 사전등록자 정보 입력
		• 사전등록자 최종 리스트 작성
	현장등록 접수	• 현장 등록신청서 접수
		• 등록비 결제 확인
		• 등록비 영수증 발급
		• 현장등록자 최종 리스트 작성
등록운영 준비	참가자용 물품준비	• 참가자 명찰 제작
		• Congress Kit 제작
		• 기념품 제작
	등록부스 설치준비	• 등록장소 결정
		• 등록부스/Fill-up Desk 외 필요부스 수 결정
		• Layout 결정
		• 등록부스 디자인 결정
	기자재/가구 임차준비	• 필요 기자재 및 가구/비품의 종류와 수량 파악
		• 임차비용 조사(견적요청)

		• 업체 선정 후 임차계약서 작성 및 계약
	등록자 수교물 준비	• 사전 등록자 명찰 작업
		• 사전 등록자 개인봉투 작업
		• 등록자용 Congress Kit 작업
등록운영관리	등록데스크 조성	• 등록부스 및 시설공사
		• 필요 기자재/가구 설치
	등록부스 운영	• 등록요원 교육/배치
		• 사전등록부스 운영
		• 현장등록부스 운영
		• 일일 등록현황 정리
		• 등록비 정산
사후 보고	등록 보고	• 일일 등록 보고
		• 최종 등록 보고

출처: 지방공무원을 위한 국제회의 · 이벤트편람(2006)

4) 등록업무의 구분

(1) 사전등록의 중요성

컨벤션 등록은 사전등록(Pre-Registration)과 현장등록(On-site Registration)으로 나뉜다. 사전등록은 컨벤션 개최 전 일정기간까지 발생하는 등록을 의미하며, 주최자는 사전등록을 통해 참가자의 규모, 출·도착 유형에 대한 예측자료로 활용할 수 있고 아울러 재원확보가 가능하므로 사전등록을 적극적으로 유도한다. 또한 사전등록을 높임으로써 아래와 같이 컨벤션 운영에 도움이 될 수 있다.

- 사전등록비가 현금흐름상 자금운용에 융통성이 커짐
- 현장등록자가 적어서 현장에서의 등록업무를 간소화시킬 수 있음
- 등록데스크의 운영요원을 적게 배치할 수 있어 인건비 절약 가능
- 등록데스크의 설치 및 동선을 단순화시킬 수 있음

[표 5-2] 사전등록 업무 vs 현장등록 업무

구분	내용
사전등록 업무	• 사전등록 홍보 • 홈페이지를 통한 온라인 사전등록 시스템 운영 • 등록접수 및 등록비 확인 후 등록확인증 발송 • 등록 및 기타 문의사항 처리 • 등록 관리프로그램을 사용, 각종 등록통계 유지 및 관리
현장등록 업무	• 등록데스크 설치, 배포자료 및 필요물자 등 준비 • 현장등록요원 교육 및 관리 • 현장등록자 관리 및 처리 • 등록데스크 발생업무 처리 • 등록데이터의 신속한 현장조회, 입력 및 수정관리

(2) 현장등록(On-site Registration)

컨벤션 개최기간 동안 현장에서 등록하는 경우이며, 사전등록을 하지 못한 참가자는 반드시 현장등록을 해야 한다. 현장등록비는 사전등록비에 비해 1.5배 정도 높은 가격으로 책정하여 사전등록을 유도한다.

현장등록자는 등록을 위하여 줄을 서서 기다리는 불편함을 감수해야 하는데, 약간의 불편함은 다음 회의에서 사전등록을 하게 하는 동기부여가 되기도 한다.

2. 컨벤션 등록 진행과정

1) 등록업무 Process

① 참가독려

컨벤션 등록업무는 사전등록에 관한 전반적인 계획을 수립하고 일반적으로 컨벤션 개최 6~12개월 전에 예상 참가자들을 대상으로 등록신청서를 보내는 것으로 시작된다. 인터넷이 보편화된 현재는 등록신청서가 주로 홈페이지에 탑

재되어 있으며 예상참가자들에게 홈페이지 안내를 통해 전달되는 것이 일반적이다.

② 등록접수 관리

컨벤션에 참가를 희망하는 참가자는 홈페이지를 통해서 등록을 하거나 이메일을 통해 등록신청서를 사무국에 보내며 등록비를 완납한다. 대부분 컨벤션 홈페이지에 온라인 등록시스템이 구축되어 있어서 등록 및 등록비 납부까지 한 번에 진행할 수 있다. 온라인 등록시스템의 경우 자동으로 database가 구축되므로 사무국에서 데이터를 수정, 보완하는 작업을 간소화시킬 수 있다. 등록비를 완납한 참가자들에게는 등록비 영수증이 발송되며 컨벤션 관련 정보를 지속적으로 제공받는다.

③ 등록운영 준비

사전등록기간이 종료되고 컨벤션 개최가 다가오면 현장에서 등록에 필요한 준비를 진행하게 된다. 사전등록자를 기준으로 명찰 등 현장에서의 지급물품(Congress Kit)을 제작하고, 현장등록과 관련된 필요물품 및 준비업무를 진행한다. 등록데스크 설치 및 운영 준비를 하며, 등록데스크에서 필요한 각종 기자재를 준비한다. 또한 등록데스크 운영요원들을 선발하여 교육시킨다.

④ 등록데스크 운영관리

컨벤션이 개최되면 등록데스크를 운영하며 사전에 등록하지 못한 참가자들을 대상으로 현장등록업무를 진행한다.

⑤ 정산 및 보고

컨벤션 종료 후 사전등록자와 현장등록자를 합하여 최종 참가자 리스트를 작성하고 전체 등록비를 산출하면 등록업무가 종료된다.

그림 5-2 등록업무 Flow

등록계획	• 등록비 결정(등록비/환불/일정) • 등록비 결제계획 수립
참가독려	• 발송계획 수립 • 등록신청서 제작 • 발송/반송관리
등록접수 관리	• 사전등록접수 　(온라인등록프로그램 구축, 　Confirmation & Receipt)
등록운영 준비	• 현장등록 준비 • 등록데스크 설치 준비 • 등록자 수교물(kit) 준비 • 등록기자재 및 장비 임차
현장운영관리	• 등록요원 교육 및 배치 • 등록비 데스크 운영(사전/현장)
등록보고	• 등록비 정산 • 최종 등록보고

출처: 저자 작성

제2절 등록 세부계획

1. 사전등록 계획

1) 등록비(Registration Fee) 선정

컨벤션은 정부회의 및 기업회의를 제외하고는 유료 등록을 기본으로 하며 등록비가 주요 수입원이 되기 때문에 적절한 등록비 책정이 중요하다. 컨벤션에서 등록비는 각종 회의, 사교행사 및 부대프로그램에 참가하는 비용으로 숙박비는 포함되지 않는다.

등록비 산정 시 지나치게 높은 비용은 참가자들에게 부담을 주어 참가인원이 줄어들 수 있으며, 반대로 지나치게 낮은 금액은 회의의 질을 의심하여 등록률이 저조할 수 있으므로 유의해야 한다.

(1) 등록비 책정 기준

등록비는 모든 참가자들이 동일한 것이 아니라 자격조건 및 등록시기에 따라 차등을 두게 된다.

자격조건에 의한 구분은 일반적으로 회원의 등록비를 기준으로 하여 동반자는 회원의 1/2~1/3, 비회원은 1.5~2배로 규정한다. [표 5-3]에서 보는 것처럼 의학학술대회의 경우, 레지던트, 학생 및 동반자의 등록비가 전문의보다 저렴한 금액이며 초청연사는 등록비를 면제해 주기도 한다.

자격조건뿐만 아니라 등록시기에 따라 등록비를 차등 책정하는 것이 일반적이다. 사전등록(Pre-Registration)은 컨벤션 개최 전(12개월~6개월 전)에 시작하여 컨벤션이 개최되기 직전까지로 정해지며, 사전등록비는 현장등록비에 비해 저렴하게 책정한다. 주최자가 사전등록을 받는 것은 참가자에게 할인된 등록비로 사전등록을 유도함으로써 등록자의 수를 미리 확보하여 예산 확보에 도움을 받고자 함이다. 아울러 컨벤션 개최 시 현장등록으로 벌어지는 혼잡을 피하기 위한 것이다.

사전등록 중 조기등록(Early-bird Registration)은 사전등록기간 중에서도 조기에 등록하는 경우이며 등록비가 사전등록비보다 저렴하며 초기의 예산확보를 위해 필요하다.

그림 5-3 등록시기별 등록비 구분

조기등록	사전등록	현장등록
최대한으로 할인한 등록비로 참가자의 조기등록을 유도함으로써 등록자 및 수입원을 미리 확보하고자 함	행사 전 참가자의 등록을 유도함으로써 등록자의 수를 사전에 파악하고 행사의 규모를 예상할 수 있으며 현장에서 벌어지는 혼잡을 피하기 위함	사전 등록 이후 시기부터 행사 현장까지의 기간에 발생하며 사전등록보다 비싼 금액이 책정됨 (사전등록을 유도)

[표 5-3] 의학학술대회 등록비 구분(예)

Category	조기등록	사전등록	현장등록
전문의	US$250	US$300	US$350
레지던트, 학생	US$100	US$100	US$150
동반자	US$100	US$100	US$150
초청연사	무료		

(2) 등록비 산출방법

국제기구나 단체가 주최하는 컨벤션의 경우, 등록비와 등록기간을 국제본부에서 결정하는 경우가 많으며, 일반적으로는 전차대회의 등록비를 기준으로 하여 개최국의 물가상승률을 감안하여 책정한다.

[표 5-4] 등록비 책정방식

구분	내용
Bottom-up 방식	등록비 금액을 미리 정하고 이것을 기초로 하여 프로그램, 행사, 지출을 조정하는 방식
Broad Band 방식	등록비의 상한선과 하한선을 정하고 이를 기초로 한 수익금을 고려하고 이에 따라 사업계획을 수립하고 이에 맞는 등록비를 최종결정하는 방식
Sarra Torrence 방식	– 고정비용(참가자 수에 관계없이 발생하는 비용)과 변동비용(참가자 수에 따라 변동이 있는 비용)을 더하여 예상참가자 수로 나누어 결정하는 방식 – 등록비 자체만으로 컨벤션을 개최하는 경우에 해당됨

(3) 등록 취소 및 환불

참가자는 계획의 변동이나 신병의 이유 등으로 등록을 취소하는 경우가 있다. 이러한 경우에는 취소통보를 접수하는 시기에 따라 반환율을 정하여 100%, 70% 환불하거나, 개최가 임박하여 취소하는 경우에는 환불하지 않는 것이 관례이다.

취소를 희망하는 참가자는 필히 서면으로 취소를 요청하고 등록비의 반환을 청구해야 한다. 환불정책은 반드시 안내서(Announcement)나 홈페이지에 명기해야 한다.

2) 등록신청서 제작 및 발송

등록신청서(Registration Form)는 컨벤션의 프로그램에 따라 달라지지만 기본 형태는 크게 바뀌지 않으며 안내서와 함께 6~12개월 전에 예상참가자들에게 발송한다.

등록신청서에는 아래의 내용이 수록되어야 한다.
- 성명, 성별, 직함, 소속기관, 주소, 전화, Fax, E-mail
- 동반자의 유무
- 해당등록금, 각종 프로그램 참가신청

- 호텔예약, Tour신청(개별신청의 경우도 있음)
- 지불총금액, 지불방법 등

그림 5-4 등록신청서 사례

The 5th Asian-Pacific Cleft Lip & Palate Conference
September 29 – October 1, 2003, Seoul, Korea

For Official Use Only
Reg. No :
Abst. No.:
Date :

REGISTRATION FORM

PARTICIPANT

Title(check): ☐MD   ☐DDS   ☐Prof.   ☐Mr.   ☐Ms.

Family Name:	Given Name:

Affiliation:

Mailing Address:

City:	Zip:	Country:
Telephone:	Fax:	E-mail:

ACCOMPANYING PERSON

Title(check): ☐Mr.   ☐Mrs.   ☐Miss   ☐Other (specify)

Family Name:	Given Name(s)

Accompanying Person's Program(13:00-17:00, Sept. 29)	☐ attend	☐ not attend

REGISTRATION FEE

Category	Before Apr. 30, 2003	Before Jul. 31, 2003	After Aug. 1, 2003	Fee
MD / DDS	US$400	US$450	US$500	
Non-MD/ Non-DDS/ Trainee Speech Therapist/ Social Worker	US$150	US$200	US$250	
Accompanying Person	US$150	US$150	US$150	

The Registration fee includes admission to Scientific Session, Welcome Reception and Presidential Dinner. Accompanying person's registration fee includes all the social programs and accompanying persons' program except scientific session.	**Total Amount**	

PAYMENT

☐Bank Draft: Payable to "the 5th APCP". Personal or company checks will not be accepted.
☐Bank Transfer:

   Name of Bank : Woori Bank (Yonsei Univ. Branch)
   Account Name : Korean Cleft Palate Craniofacial Association (APCP2003)
   Account No : 126-526644-02-201
   Address : 134 Shinchon-dong, Seodaemun-gu, Seoul 120-752, Korea
   * Please enclose a copy of your payment certificate.

☐Credit Card (☐Visa ☐Master Card)

Card No. ☐☐☐☐ ☐☐☐☐ ☐☐☐☐ ☐☐☐☐   Expiration(MM/YY) ☐☐☐☐

Name of Cardholder: _____   Signature _____

Refund Policy

All changes or cancellations should be informed to the Secretariat in writing. Refunds will be made upon receipt of the written notice after the conference for administrative reasons. All bank service charges and administrative fee will be deducted from the refund amount.

- Before August 15, 2003: 50% refund of registration fee
- After August 15, 2003:   No refund

Date: _____   Signature: _____

Fill out and send to the 5th APCP Secretariat, c/o Seong&Min MICE Consulting Ltd. Co.
#1102 Kangnam Newstel, 826-30 Yeoksam 1-dong, Kangnam-gu, Seoul 135-935, Korea
Tel: 82-2-552-0645, Fax: 82-2-552-0646, Email: APCP2003@korea.com, Homepage: www.apcp2003.org

3) 사전등록(Pre-Registration) 절차

사전등록은 컨벤션 개최 6개월 전부터 시작하여 컨벤션이 개최되기 전 주최자가 결정한 시기까지로 구분한다.

주최자는 안내서에 등록신청서(Registration Form)를 동봉하여 발송하거나 홈페이지를 통해 온라인 등록을 권장한다.

사무국은 사전등록을 접수하는 즉시 확인서(Confirmation slip)를 등록자에게 보내고, 등록비 완납 시 영수증(Receipt)을 발송한다. 영수증까지 발송되어야 등록이 완료된 것이다. 이러한 업무처리를 위하여 각 회의에 편리한 등록 System을 위한 Software를 개발하여 컴퓨터로 처리한다.

그림 5-5 **사전등록 흐름도**

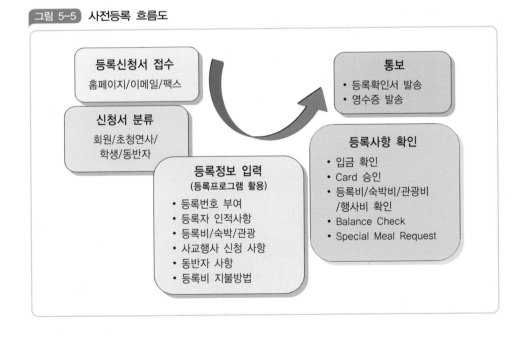

2. 온라인 등록프로그램

1) 온라인 접수프로그램의 필요성

IT환경이 보편화되면서 온라인상에서의 홍보 및 서비스가 동반 성장하게 되었고 국제적인 커뮤니케이션이 필수적인 컨벤션 홈페이지의 역할 증대에도 매우 큰 영향을 미쳤다. 이런 상황에 덧붙여 온라인상에서 모든 것을 해결하고자 하는 요구와 맞물려 온라인 프로그램이 필요하게 되었다.

그림 5-6 **온라인 등록프로그램의 개념**

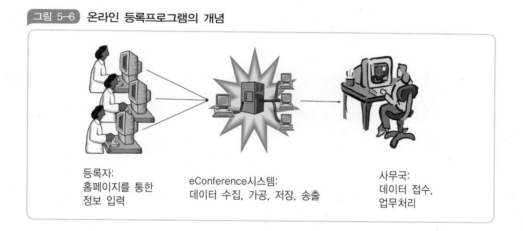

등록자:
홈페이지를 통한
정보 입력

eConference시스템:
데이터 수집, 가공, 저장, 송출

사무국:
데이터 접수,
업무처리

(1) 환경의 변화

컴퓨터와 인터넷이 대중화되면서 컨벤션 홈페이지의 역할이 증대되기 시작하였으며, 신용카드의 대중화로 전자결제가 가능하게 되었다.

온라인상의 보안시스템이 더불어 발전하여서 결제시스템이 안정화되고 인터넷 결제에 대한 인식이 긍정적으로 변화하게 되었으며 실시간 정보를 확인하는 시대가 되었다. 또한 IT강국으로써의 한국의 이미지에 맞는 솔루션을 보여주고 싶은 주최자들의 의지가 높아지면서 보편화되기 시작하였다.

(2) 편리성

온라인 등록프로그램은 사용자와 관리자 양측에게 편리성을 제공한다. 사용자 측에서는 온라인상에서 One-Stop 등록이 가능하며, 실시간으로 등록 및 예약상황을 확인할 수 있으며 등록정보에 대한 확인과 변경이 자유롭다. 등록뿐 아니라 논문접수나 숙박을 비롯한 각종 프로그램도 온라인을 통해 간편하게 신청할 수 있다.

관리자 측면에서는 온라인상에서 등록이 관리되고 통계처리가 용이하므로 업무의 효율성을 높이는 데 크게 기여한다. 특히 대형 컨벤션의 경우 온라인 시스템을 활용함으로써 정보 오류를 방지할 수 있으며 적은 인력으로 업무의 성과를 이끌 수 있다. 또한 논문집 등 필요한 책자 발간에도 편리하게 활용할 수 있는 이점도 있다.

그림 5-7 **컨벤션에서 온라인 프로그램의 필요성**

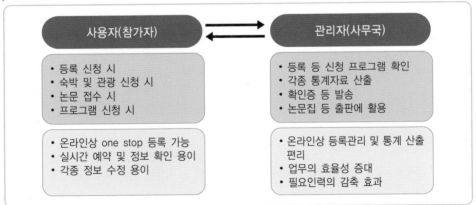

2) 온라인 등록프로그램 구축

(1) 온라인 등록프로그램 구축 시 고려사항

컨벤션에 등록하는 참가자가 언제 어디서나 사용이 가능해야 하며, 이해하기 쉽고 편리해야 하며, 등록 후 회신과 처리가 빨라야 한다. 그리고 정보에 대한 안정성뿐만 아니라 중간에 끊김없이 등록을 끝까지 마칠 수 있는 안정성의 두 가지 측면을 모두 포함하는 시스템이 필요하다.

관리자 측면으로는 우선적으로 필요한 정보가 확보되어야 하며 정보의 안정성 확보도 필요하다. 또한 업무의 효율성을 극대화할 수 있어야 하며, 이것이 비용적 절감으로 이어져야 한다.

(2) 온라인 등록프로그램 구성

온라인 등록프로그램을 구성하기 위해서는 사용자와 시스템을 운영하는 관리자가 있어야 하며, 컨벤션을 홍보하고 온라인 프로그램을 연결시켜 줄 홈페이지와 온라인시스템 등 프로그램을 개발하는 개발자가 필요하다.

그리고 등록비 등을 온라인상에서 카드로 결제할 수 있는 온라인 결제 대행업체와 비용을 지급하는 신용카드사가 정해져야 한다.

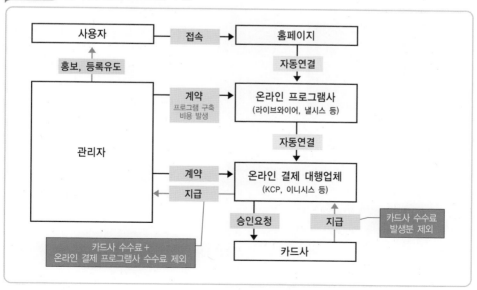

그림 5-8 온라인 등록프로그램 구성

먼저 관리자는 예상참가자가 등록하도록 홍보하고 등록을 유도하며, 이에 따라 참가자는 홈페이지에 접속하여 행사에 대한 정보를 얻고 홈페이지상에서 온라인 프로그램을 통해 등록을 하게 된다.

이때 참가자가 온라인 프로그램을 클릭하면 그 시점부터 온라인 프로그램사의 창이 나타나며, 참가자가 모든 입력사항을 마치고 결제방법 중 신용카드를 선택하게 되면 온라인 결제 대행업체의 창이 나타나서 결제를 진행하며 가맹이 맺어진 신용카드사로 승인을 요청하게 된다.

온라인 프로그램사와 관리자는 프로그램 구축비용 및 유지보수비를 지급하여 계약하고, 온라인 결제대행업체와 관리자는 카드결제 비용에 대한 수수료를 조건으로 계약한다. 신용카드사에서는 온라인 결제 대행업체에 카드수수료를 제외한 승인 요청분에 대해 지급하고, 대행업체는 카드사 수수료와 온라인 결제 프로그램 회사의 수수료를 제외하고 관리자에게 지급하는 과정을 거치게 된다.

그림 5-9 **온라인 등록프로그램** Process

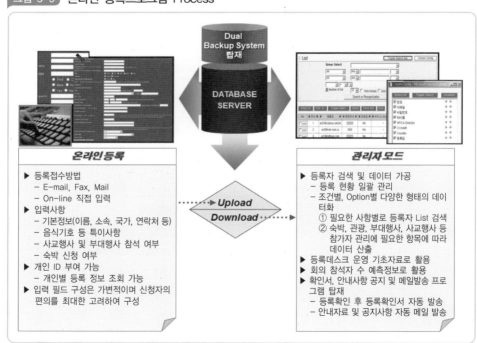

그림 5-10 온라인 등록프로그램의 사례(사용자)

그림 5-11 온라인 등록프로그램의 사례(관리자)

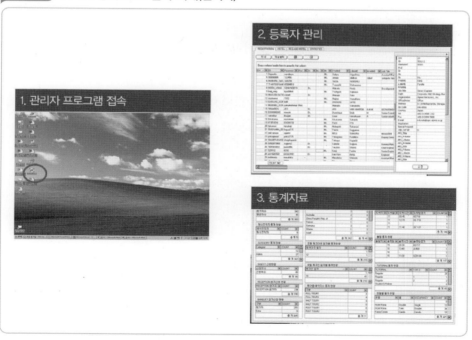

출처: ISOM04 홈페이지(2004)

3. 현장등록데스크 운영계획

1) 등록데스크(Registration Desk) 설치계획

현장등록데스크는 참가자들의 접근이 용이하고 한꺼번에 많은 사람들이 몰려도 혼잡하지 않을 정도의 공간에 설치한다.

등록데스크 설치시기는 컨벤션 회의개시 전날 개최장소에 설치하며, 보통 대회의장 앞, 호텔의 경우는 그랜드볼룸 로비 등 회의장과 인접해 있으면서 참가자들이 찾기 쉬운 장소를 선택한다. 등록데스크의 크기는 회의의 규모, 참가예상자의 수, Desk에서 수행하는 기능에 따라 정해진다.

등록데스크의 기능은 참가자 등록이 주요 업무나 회의와 관련된 모든 문의에 대한 응답 및 편의제공 업무까지 수행한다.

등록데스크에서 수행하는 등록 외 업무는 다음과 같다.
① 참가자를 위한 Cashier, Money Exchange Service
② Information desk: 컨벤션 및 주변시설 등에 대한 정보 제공
③ Tour desk: 관광프로그램 안내 및 신청, 진행을 위한 데스크로서 대부분 공식여행사가 운영
④ Congress Kit: 참가자들의 수교물을 배포하는 곳
⑤ Lost & Found: 분실물 신고센터
⑥ 그 외에도 참가자를 위한 우편물박스(Pigeon Hole), 메시지보드, 행사장 안내도 등을 설치하여 참가자에게 편의를 제공

2) 등록데스크 운영

등록데스크는 등록여부에 따라 사전등록 데스크와 현장등록 데스크로 구분한다.

사전등록 데스크는 등록자 구분에 따라 등록범주별 혹은 국내, 국외로 구분하

여 성명을 알파벳 순으로 구분하여 접수한다. 사전등록자의 특성에 따라 다양한 데스크로 운영될 수 있다.

[표 5-5] 컨벤션의 경우, 총 참가자가 200명으로 한국인 50명, 외국인이 150명으로 구성되어 있으며, 참가자들 대부분이 항공료와 일비를 제공받는 경우라 '항공료 정산 및 일비지급 데스크'를 운영하였다. 이처럼 컨벤션의 특성에 따라 필요한 데스크가 설치된다.

[표 5-5] 현장등록데스크 운영사례-1

구분	업무
International	국외 등록자 확인 및 접수 / 개인봉투 지급
Korean	국내 등록자 확인 및 접수 / 개인봉투 지급
Name Badge 데스크	현장 등록자에 Name Badge 발급, 분실자 재발급
등록 Kit 데스크	등록자에게 등록 Kit(가방 및 내용물) 지급
관광 안내데스크	참가자 관광 안내 및 진행(여행사 직원)
항공료 정산 및 일비지급 데스크	항공료 사후정산, 일비지급(영수증 교부)

그림 5-12 현장등록데스크 운영사례-2

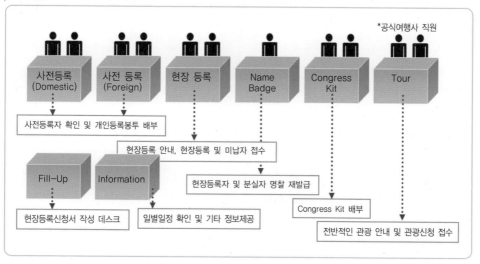

3) 등록데스크 인력 운영

각 데스크마다 참가자의 동선에 맞추어 기능적인 업무처리를 할 수 있도록 효율적으로 배치해야 하며, 현장운영요원에 대한 사전 훈련으로 등록이 원활하게 이루어질 수 있도록 준비해야 한다.

사무국 등록요원과 임시인력이 1조가 되도록 배치하여 참가자의 요청에 명확하고 신속한 응답을 제공할 수 있어야 한다.

등록비를 받는 경우, 등록비 징수 및 절차에 대한 철저한 교육이 필요하며 등록종료 후 등록비에 대한 정산이 정확하게 이루어져야 한다.

등록데스크는 개최 직전이나 개최당일에 등록인원이 일시적으로 집중되어 혼란스럽기 때문에 최대 인원을 배치하고, 이후에는 예상 등록인원에 따라 탄력적으로 줄일 수 있다. 또한 등록데스크는 회의에 늦게 참가하는 사람들을 위하여 회의개최기간 내내 운영되어야 한다.

[표 5-6] 등록데스크 배정 및 인력배치(예)

구 분		업 무	인 원
사전등록	Desk 1~3	데스크를 참가자 이름 Alphabet 순으로 구분	6명
현장등록	Desk 4	현장 등록신청서 접수 및 등록 처리	1명
명찰 발급	Desk 5	현장 등록자의 Name Badge 발급 (사진촬영 등), 분실자 재발급	2명
Congress Kit	Desk 6	등록자에게 회의 수교물 Kit 지급	2명
Tour	Desk 7	동반자행사 및 선택관광 접수, 진행	1명 (여행사)

4) 등록 수교물(Congress Kit)

참가자가 행사장에 도착하여 가장 먼저 찾는 곳이 등록데스크이며 데스크에서는 컨벤션 참가 시 필요한 각종 물품을 지급한다.

  사전등록 혹은 현장등록을 통해 등록을 완료한 참가자에게는 각 등록자별 개인 봉투(personal packet)를 전달한다. 개인봉투 안에는 등록 수교물(congress kit) 교환 쿠폰, 명찰, 개인 서신, 영수증이 들어 있다. 즉, 개인봉투에는 개별적인 자료들이 포함되어 있다.

  개인봉투를 받은 등록자는 등록가방 교부장소에서 가서 쿠폰을 제시하고 가방을 수령한다. 등록 수교물(congress kit) 안에는 회의일정 및 프로그램, 회의자료집, 각종 행사 초청장, 필기도구, 메모지, 기념품, 개최도시 및 관광지 소개책자 및 지도 등 공통적으로 제공되는 자료들이 들어 있다.

그림 5-13	등록자 개별 지급물품(예)

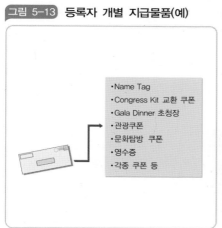

- Name Tag
- Congress Kit 교환 쿠폰
- Gala Dinner 초청장
- 관광쿠폰
- 문화탐방 쿠폰
- 영수증
- 각종 쿠폰 등

그림 5-14	Congress Kit(예)

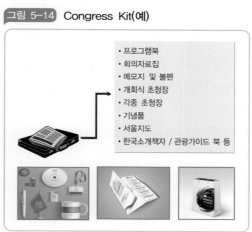

- 프로그램북
- 회의자료집
- 메모지 및 볼펜
- 개회식 초청장
- 각종 초청장
- 기념품
- 서울지도
- 한국소개책자 / 관광가이드 북 등

제**3**절 숙박계획

1. 숙박 기본계획

1) 컨벤션 숙박계획 기본방향

컨벤션 구성분야 중 숙박은 참가자들이 행사기간 동안 최상의 컨디션을 유지할 수 있도록 제공되어야 하는 필수요소로서, 참가자들이 불편함이 없도록 안락함을 제공하는 것이 무엇보다 중요하다.

숙박시장은 공급, 수요, 물가상승 및 금전의 흐름에 따라 끊임없이 변화하므로 행사주관사(PCO)가 시장상황에 대하여 구체적이고 정확한 정보를 입수하여 숙박업무를 진행해야 한다.

그림 5-15 컨벤션 숙박계획의 기본방향

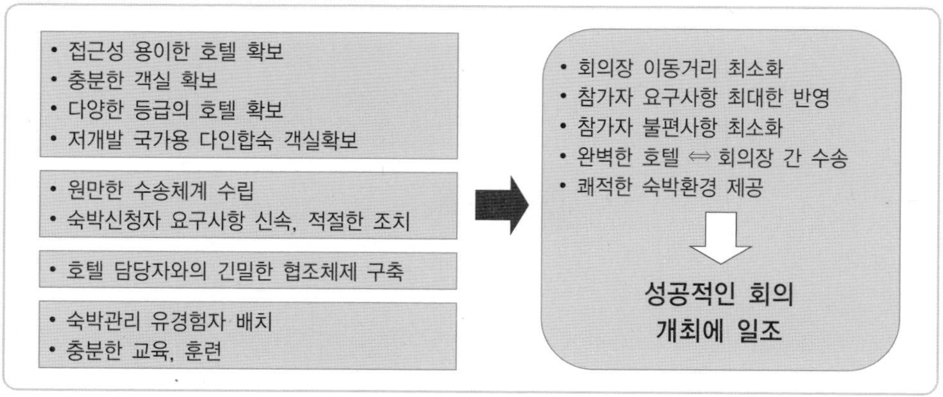

- 접근성 용이한 호텔 확보
- 충분한 객실 확보
- 다양한 등급의 호텔 확보
- 저개발 국가용 다인합숙 객실확보

- 원만한 수송체계 수립
- 숙박신청자 요구사항 신속, 적절한 조치

- 호텔 담당자와의 긴밀한 협조체제 구축

- 숙박관리 유경험자 배치
- 충분한 교육, 훈련

⟶

- 회의장 이동거리 최소화
- 참가자 요구사항 최대한 반영
- 참가자 불편사항 최소화
- 완벽한 호텔 ⇔ 회의장 간 수송
- 쾌적한 숙박환경 제공

**성공적인 회의
개최에 일조**

등록부분에서 언급한 바와 같이 컨벤션에서의 숙박은 참가자가 개별적으로 예약신청하고 숙박비를 지불하는 형태이다. 그러므로 주최자는 행사장 주변 호텔을 중심으로 참가자들이 편안하게 이용할 수 있는 호텔을 선정하여 저렴한 금액으로 필요한 객실을 확보하고 숙박정보를 참가자들에게 제공한다. 제공된 정보를 토대로 참가자들이 호텔을 선정하여 예약 요청하는 과정이다.

주최자는 호텔 담당자와의 유기적인 업무협조를 통한 참가자 편의제공에 힘써야 한다. 예를 들어 컨벤션 공식 호텔 외 다른 호텔에 참가자가 투숙할 경우에는 호텔 간 셔틀버스를 운행하여 편의를 제공하기도 한다.

2) 숙박 운영방법

컨벤션 숙박 운영방법은 행사의 규모 및 성격에 따라 3가지로 구분할 수 있다.

첫째, 사무국에서 등록신청과 함께 숙박신청을 일괄적으로 받는 방법이 있는데, 대형 컨벤션에는 적합하지 못하다.

둘째, 참가자가 원하는 호텔로 직접 신청하는 경우로, 사무국에서 숙박에 대한 현황을 즉시 파악할 수 없다는 점에서 업무진행에 차질이 생길 수 있으며 업무관리가 안 되어 컨벤션 이미지에 악영향을 끼칠 수도 있다.

마지막으로 숙박대행사(Housing Bureau)를 별도로 두어 운영하는 방법으로 대형 컨벤션에 적합한 방법이다.

[표 5-7] 컨벤션 숙박 운영방법

담당	운영방법	문제점
사무국	등록과 함께 일괄적으로 사무국에서 담당하는 경우	대형행사의 경우는 업무량의 증대로 효율적이지 못함
호텔	참가자가 원하는 호텔로 직접 신청하여 진행하는 경우	– 사무국에서 현황을 파악하지 못하므로 업무진행의 어려움 야기 – 철저한 호텔관리가 필요 (잘못된 업무진행으로 행사에 대한 이미지 실추 우려됨)
Housing Bureau	– 별도의 숙박대행사(여행사)에서 숙박에 대한 예약 및 운영담당 – 대형행사의 경우에 적합	– 소규모 행사의 경우 운영비의 남발과 업무의 비효율성 유발 – 대행사에 대한 관리가 필요

3) 호텔 선정 기준

컨벤션에서 숙박은 참가자들의 경제수준에 맞는 다양한 등급의 호텔을 확보하는 것이 우선적이며, 숙박신청자의 요구사항에 대한 정확하고 즉각적인 대응이 중요하다.

기획가는 참가자를 위한 호텔 선정 시 다양한 가격의 호텔, 접근성이 용이한 호텔 및 충분한 객실 수 확보를 기본으로 진행해야 한다. 참가자들의 경제적 수준에 따른 다양한 등급의 호텔을 확보해야 하며, 특히 중ㆍ저가 호텔을 최대한 많이 확보하고 적절한 객실요금 할인이 필요하다. 그리고 회의장과의 거리와 대중교통을 이용할 수 있는 가능성 등을 고려하여 접근성이 용이한 호텔을 우선적으로 선정해야 하며 더불어 숙소 주변의 관광지 및 편의시설도 고려해야 한다. 또한 참가자 대부분이 숙박할 수 있는 충분할 객실 수를 구비해야 한다.

2. 호텔 선정 및 객실 확보

1) 호텔 선정

(1) 호텔조사

참가자의 경제적 수준, 행사장과의 거리 및 이동수단을 고려하여 다양한 수준의 숙박시설 및 접근성이 용이한 위치의 시설을 확보해야 한다. 또한 대부분의 참가자들이 어려움 없이 숙박할 수 있도록 충분한 객실을 준비해 두어야 한다. 사무국은 참가예상자 수에 따라 본부호텔(headquarters hotel) 및 기타 분산 투숙하는 호텔(sub-hotel)에 대하여 사전에 충분한 수의 객실을 미리 확보(block)해 두어야 한다.

참가자들이 비슷한 성격의 집단이라고 하더라도 지위, 취향 및 경제사정 등에 따라 선호하는 호텔이 달라지므로 사전에 여러 등급의 호텔을 선정해야 한다. 즉 사무국은 참가자의 경제상황, 참가자의 직업 및 수입 정도를 감안하여 특1급

(Super Deluxe), 특2급(Deluxe), 1급(1st) 및 2급(2nd) 호텔 등 다양한 등급의 호텔 객실을 확보해야 한다. 학생 또는 그와 유사한 소득자들을 위해서는 기업체의 연수원, 유스호스텔 또는 장급의 다인합숙호텔을 확보하는 방법도 있다.

[표 5-8] 객실확보 계획사례(외국인등록자가 1,000명인 경우)

구분	예상 확보 객실 수	비고
특1급	200방	17%
특2급	300방	25%
1급	400방	33%
2급	200방	17%
기타(장급, 모텔, 다인합숙시설)	100방	8%
합계	1,200방	100%

(2) 호텔과의 협의

호텔과의 협의 시 가장 중요한 것은 대부분의 참가자들이 이용하는 일반 객실(standard room)에 대한 확보(block) 수량과 객실료이다.

그림 5-16 객실확보 운영프로세스(예)

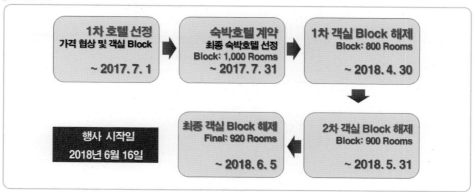

컨벤션 개최 성수기의 경우 호텔의 객실확보가 어렵기 때문에 성수기 개최 컨벤션은 미리미리 객실을 확보해야 한다.

호텔과의 협의사항은 확보 객실 수, 객실료 및 셔틀버스 등의 부대서비스 제공관련 내용이며, 특히 확보객실에 대한 해제관련 규정을 확실히 해야 한다. 호텔과의 협의 후에는 계약을 맺고 상호 협력관계를 구축해야 한다. 사무국은 사전등록 및 숙박예약 접수상황을 파악하고 준비가 진행됨에 따라 미리 확보(block)한 호텔 객실을 실수요에 맞게 조정해 나가야 한다.

3. 숙박업무 프로세스

1) 숙박분야별 업무절차

컨벤션에서 숙박업무는 참가자들의 편의 제공을 위해 행사장이 선정되는 동시에 진행되어야 한다. 숙박관련 업무는 호텔선정, 숙박예약관리, 숙박현장운영 및 사후정리로 나눌 수 있다.

[표 5-9] 숙박 업무 및 절차

업무 내용		업무 절차
호텔 선정	호텔 조사	• 협상대상 호텔리스트 작성
		• 호텔에 협조요청 공문 발송
		• 호텔관련 정보 비교표 작성
	호텔과의 협의	• 호텔비교표 검토
		• main, sub-hotel 선정
		• 호텔과의 협상(객실료, 객실 수, 기타)
		• 계약서 작성
		• 계약서 검토 및 계약체결
	객실 확보	• 호텔별 객실확보 및 block 해제일 협의
		• 객실 block
		• 객실 block 해제

		• 숙박신청서 제작 및 발송(on/off 병행)
숙박예약관리	숙박신청서 접수	• 숙박신청서 접수(on/off 병행)
		• 접수내역 확인 예약자 리스트 작성
		• 숙박신청 완료 및 확인서 발송
		• 주최 측 제공 숙박에 대한 리스트 인계
	숙박신청자 확인	• 최종 숙박신청자 리스트 작성
		• 변경 요청사항 처리 및 업데이트
	객실 배정	• VIP용 객실 배정
		• 일반 참가자용 객실배정
		• 객실 배정 내용 통보
숙박현장운영	숙박자 관리	• VIP check-in/out 관리
		• 일반참가자 check-in/out 관리
		• 현장 변경사항 대처
	숙박료 확인	• 주최 측 숙박료 정산
사후 보고	숙박 보고	• 일일 숙박 보고
		• 최종 숙박 보고

출처: 지방공무원을 위한 국제회의·이벤트편람(2006)

2) 사전 숙박업무

숙박업무는 등록업무와 유사한 과정으로 진행되며, 참가자들의 신청과 주최 측이 보유하고 있는 호텔에 대한 배정이 중요하다. 그러므로 일반적으로 선착순 (first-come, first-served)으로 접수하여 배정하고, 요청하는 객실의 잔여룸이 없을 시에는 신청자의 동의를 얻어 2순위의 호텔로 배정한다.

신청자들의 여행일정에 따라 투숙일이 변경되므로 일정 변경 시 해당 호텔에 정확하게 통보해야 문제가 발생하지 않는다.

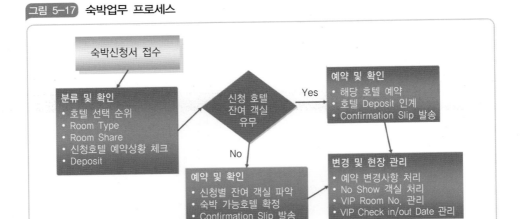

그림 5-17 숙박업무 프로세스

3) 현장 숙박업무

현장에서의 숙박업무는 현장요청 진행업무와 호텔안내데스크 운영으로 나눌 수 있다.

(1) 현장요청 업무

컨벤션이 개최되는 동안 숙박관련 업무는 그다지 많지 않다. 대부분 사전에 호텔을 예약하고 참가하지만, 현장에서 호텔예약을 요청하는 경우 이에 대한 진행업무를 수행한다.

또한 투숙객에게 check-in/out 관련 문제가 발생하였을 때 이를 중재하여 해결하고, no-show room이 발생하였을 때 이에 대한 처리업무가 있다.

(2) 호텔 안내데스크 운영

대형 컨벤션에서 한 호텔에 투숙하는 참가자들이 많은 경우 해당 호텔에 안내데스크를 설치하여 해당 호텔 투숙객 관리업무를 수행한다.

check-in/out에 대한 지원업무, 셔틀버스 등 수송관련 지원업무, 행사 안내 및 참가자 불편사항 접수 및 해결업무를 수행하며, 투숙 VIP 관리업무도 포함된다.

그림 5-18 숙박 신청서 사례(앞, 뒷면)

The 5th Asian-Pacific Cleft Lip & Palate Conference
September 29 – October 1, 2003, Seoul, Korea

HOTEL & TOUR RESERVATION FORM

PARTICIPANT

Title(check): ☐MD ☐DDS ☐Prof. ☐Mr. ☐Ms.

Family Name:	Given Name:

Affiliation:

Mailing Address:

City:	Zip:	Country:
Telephone:	Fax:	E-mail:

ACCOMPANYING PERSON

Title (tick √): ☐Mr. ☐Mrs. ☐Miss ☐Other (specify)

Family Name:	Given Name:

HOTEL ACCOMMODATION (Deadline : August 25, 2003)   (US$1 = ₩1,200)

Hotel Name	Grade	Room Type	Room Rate	Check-in	Check-out	No. of Nights
Hotel Lotte (Venue)	★★★★★	Single	₩220,000			
		Twin	₩240,000			
President Hotel	★★★★	Single	₩160,000			
		Twin	₩180,000			
New Seoul Hotel	★★★	Single	₩140,000			
		Twin	₩140,000			
Seoul Prince Hotel	★★	Single	₩ 79,000			
		Twin	₩ 79,000			

Value added tax and service charge (total 21%) are not included. The reservation will be made on a first-come, first-served basis.	Sub Total	₩

The hotels require one night's deposit or your credit card information in order to secure your reservation. For any cancellation or changes requested before August 25, 2003, 100% of room rate will be refunded. In case of "No Show", one night room rate will be charged.

DAILY TOUR (min. 4 persons)

Code	Program	Price	Date	Persons	Amount
DT-001	Changdeokgung Palace & Huwon	US$40		x	
DT-002	The Shop-Till-You-Drop	US$40		x	
DT-003	Koream Tea Ceremony	US$40		x	
DT-004	Korean Folk Village Tour	US$40		x	
DT-005	Icheon Ceramic Tour	US$90		x	
DT-006	Ganghwado Island Tour	US$80		x	
DT-007	World Cultural Heritage Tour	US$80		x	
DT-008	The Footsteps of Martyrs	US$80		x	
DT-009	Panmunjeom Tour	US$80		x	
DT-010	DMZ Tour	US$80		x	
DT-011	Golf Tour	US$300	Sept. 30	x	

Please refer to tour information in the 2nd Announcement.	Sub Total	US$

PRE & POST TOUR

Code	Program	Price	Date	Persons	Amount
PT-001	Gyeongju, The Smiling of Shilla	Double US$300		X	
		Single US$350			
PT-002	Andong, The Traditional Architecture Tour	Double US$300		X	
		Single US$350			
PT-003	Seorak Nat'l Park	Double US$300		X	
		Single US$350			
PT-004	Jejudo Island, Hawaii of the Orient	Double US$550		X	
		Single US$650			
PT-005	The Mystic Herb, Ginseng	Double US$280		X	
		Single US$330			
Please refer to tour information in the 2nd Announcement.			Sub Total	US$	
Daily Tours + Pre & Post Tours			TOTAL	US$	

PAYMENT

☐ **Bank Draft:** Payable to "**Theme Tours Korea Co., Ltd.**".
   Personal or company checks will not be accepted.

☐ **Bank Transfer** (Please enclose a copy of your payment certificate.)
   Name of Bank : Industrial Bank of Korea, Mapo Branch
   Account Name : Theme Tours Korea Co., Ltd.
   Account No : 247-039624-04-010
   Address : Gongdeok 2-dong, Mapo-gu, Seoul 121-022, Korea

☐ **Credit Card** (☐Visa ☐Master Card ☐Diners ☐JCB)

   Card No.: _____

   Cardholder's Name:_____

   Expiration Date (MM/YY)_____

   Signature_____

Return the complete form to;
the 5th APCP Hotel & Tour Reservation Bureau
c/o Ms. Jenny Lee
Theme Tours Korea Co., Ltd.
#406 Poong-Rim VIPtel, Gongdok-dong, Mapo-gu
Seoul 121-020, Korea
Tel: +82-2-777-7002~3
Fax:+82-2-737-6575
Email: themetour@hotmail.com

Date:_____

Signature:_____

제 **6** 장

공식행사 및
사교행사 기획

컨 · 벤 · 션 · 기 · 획 · 실 · 무

제 6 장 공식행사 및 사교행사 기획

학습
목표
컨벤션 공식행사 계획수립과 운영방안에 대해 이해한다.
컨벤션 사교행사의 종류와 계획수립에 대해 알 수 있다.
컨벤션 식음료의 중요성과 계획 및 운영에 대해 학습한다.

제1절 공식행사(Official Program) 기획 및 운영

컨벤션에서의 공식행사는 참가자들이 모두 참석하여 일정한 격식을 갖추고 정해진 순서에 따라 공식적으로 개최되는 행사로 대표적으로 개회식과 폐회식을 들 수 있다.

국제기구나 단체가 개최하는 컨벤션에는 대체로 기존의 프로그램이 있으며 주최자(organizer)가 결정하므로 이에 맞게 진행하면 되는데, 개최국과 개최기관(host organizer)의 의견을 반영하여 개최국의 특성에 맞게 변경되기도 한다.

공식행사 중 개회식은 컨벤션의 공식적인 시작을 알리는 행사이며 외부인사들이 참가할 수 있는 행사이기 때문에 많은 시간과 노력을 들여 구성한다.

정부나 국제기구/단체가 주최하는 경우는 공식행사가 중요한 프로그램으로 비중이 높은 반면, 학자들이 모이는 학술대회는 공식행사를 간단히 하거나 생략하는 경우도 있다.

1. 공식행사의 종류

1) 개회식(Opening Ceremony)

컨벤션에서 개회식은 회의의 성격, 위상 등을 보여주는 행사로서 회의 프로그램 중에서 가장 중요한 행사이다. 컨벤션 참가자, 언론인, 초청인사들에게 해당 컨벤션에 대한 첫인상을 심어주는 행사로서 외부의 중요 인사를 초청하는 대표적인 프로그램이므로 초청인사가 누구냐에 따라 언론의 관심이 집중되므로 많은 노력과 준비가 필요하다.

개회식은 일반적으로 컨벤션 첫날 개최되지만, 경우에 따라서 전날 환영리셉션 직전에 혹은 동시에 개최되는 경우가 있다. 컨벤션에 참가한 모든 사람들과 초청인사, 언론인들이 참가하므로 모든 인원을 수용할 수 있는 규모의 공간에서 치러져야 한다. 동시통역시설, 대형비디오 스크린, 빔 프로젝트 등의 시청각시설과 조명시설이 완비된 곳이 좋다.

2) 폐회식(Closing Ceremony)

폐회식은 회의를 마무리하면서 행사의 성과를 분석하고 평가하며, 공로자를 치하하는 자리로서, 참가자에게 작별인사를 하는 컨벤션의 마지막 공식 프로그램이다.

일반적으로 마지막 회의가 끝나고 개최되는데 간혹 환송연과 합쳐서 진행하기도 하며, 개회식처럼 규모에 상관없이 반드시 개최되는 행사와는 달리 폐회식은 생략되는 경우도 있다.

2. 공식행사 세부계획 및 프로세스

개회식과 폐회식 등 공식행사를 기획하고 운영하는 프로세스는 다음과 같다.

공식행사에 대한 기본계획이 수립되면 VIP 및 외부인사 초청업무를 시작으로 프로그램 세부계획 수립 및 계획에 따른 진행과정, 행사장 세팅을 마치고 리허설을 실시한다.

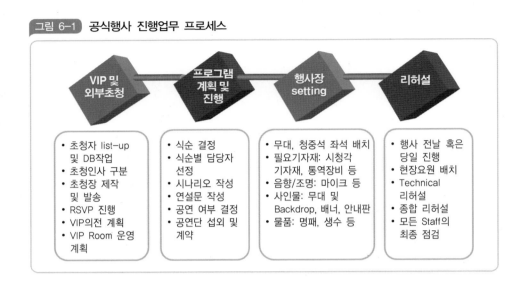

그림 6-1 공식행사 진행업무 프로세스

1) VIP 및 외부 초청업무

공식행사에 대한 내용이 결정되면 주최 측은 행사에 초청할 대상부터 우선 선정해야 한다. 초청 대상은 행사의 성격에 맞게 외부 초청인사를 정하게 되는데 전차대회들의 사례를 기초로 참석한 외빈의 수준과 개최국의 관심 정도에 따라 결정하는 것이 일반적이다(이은성, 2011).

① 외부인사 초청업무 진행

해당 컨벤션의 내부인사들은 초청하는 데 큰 어려움이 없지만 외부인사의 경우에는 사회적으로 저명한 인사들이 대상이 된다. 외부인사는 바쁜 일정으로 인해 시간적 여유를 두고 초청하고 참석여부를 확인해야 한다. 그러므로 초청대상자의 리스트를 작성하고 초청장을 발송할 수 있는 데이터베이스 작업을 가장 먼저 진행해야 한다.

외부인사는 직위나 해당 컨벤션 관련 중요도에 따라 순위를 정하여 일순위 섭외대상자가 참석하지 못할 경우 다음 순위 대상자에게 참석을 요청해야 한다.

참석이 확실한 외부 중요인사가 선정되면 해당 기관/부처의 비서실 혹은 수행원과의 긴밀한 연락을 통해 세부적인 정보를 제공해야 한다.

② 초청장 제작, 발송 및 참석여부 확인

행사에 대한 개요와 프로그램이 결정되고 초청대상자 선정작업을 마치면 바로 초청장을 발송해야 한다.

2) 프로그램 계획 수립 및 진행

프로그램별 구체적인 계획을 수립한다. 먼저 식순을 결정하고 식순별 담당자를 선정한다. 각종 연설은 연설에 따라 해당부처에 의뢰하기도 하고 자체적으로 연설문을 작성하기도 한다. 그리고 전체 행사에 대한 시나리오를 작성한다.

일반적으로 개회식 식순의 예는 다음과 같다.

- 주최 측 회장 또는 조직위원장의 개회선언(Declaration of Opening)
- 정부관료 또는 주최기관 단체장의 개회사 및 환영사(Opening Address/ Welcome Message)

- 국내외 귀빈의 축사(Congratulatory Address)
- 저명인사의 기조연설(Keynote Speech): 필수는 아님
- 폐회선언(Closing Declaration)

그림 6-2 공식행사 Q-sheet(예)

CUE-SHEET / 6월 29일, 17:00 – 18:30 / 개막식 / COEX 컨벤션홀11 (3F)										
Time	Place	Procedure	Task / Scenario	출연	무대	영상	조명	음향	중계	비고
09:00 - 16:30	컨벤션홀11 내부	리허설	▣ 09:00-14:00 시스템 리허설; 영상, 조명, 음향, 중계, 레이저, 동시통역 ▣ 14:30-15:30 사회자 리허설 ▣ 15:30-16:30 공연단 리허설							
16:30 - 17:00	303호	VIP환담	▣ 총리님과의 주요인사 환담 ▣ 이사장, 노동부장관, ILO사무차장, ISSA회장, 경총회장, 한노총위원장, 민노총위원장, GS칼텍스 사장 (총 10인)							
16:00 - 17:00	컨벤션홀11 내부	참가자 입장	▣ 운영요원 입장 및 좌석안내 ▣ 좌석 구역 안내 ▣ VIP 존 좌석안내 ▣ 최소리 악기세팅 대기 ▣ 통역사 정위치 확인							
16:00 - 16:50	컨벤션홀11 내부	사회자 등장 및 멘트	▣ 입장 안내 멘트 안내 말씀 드리겠습니다. 잠시후 5시부터 제18회 세계산업안전보건대회 개회식이 시작될 예정입니다. 내외 귀빈 여러분께서는 모두 입장하시어 자리에 착석해 주시기 바랍니다. Ladies and gentlemen, may I have your attention, please. The opening ceremony for the 18th World Congress on Safety and Health at Work will begin in a moment from. Please come into the hall and be seated.	Off 이진민	사회자 오프멘트	Title PPT	H100	Mic0	사회자	
			▣ 동시통역 안내 멘트 본 개회식은 동시통역이 제공 됩니다. 영어는 1번채널, 불어는 2번채널, 독일어는 3번채널, 스페인어는 4번채널, 한국어는 5번채널 이오니 참고하시기 바랍니다. Simultaneous Interpretation will be provided during the ceremony. English is Channel 1, French is Channel 2, German is channel 3, Spanish is channel 4, and lastly, Korean is channel 5.	Off 이진민	-	통역 PPT	H100	Mic1	Full	

CUE-SHEET / 6월 29일, 17:00 – 18:30 / 개막식 / COEX 컨벤션홀11 (3F)										
Time	Place	Procedure	Task / Scenario	출연	무대	영상	조명	음향	중계	비고
			▣ 핸드폰 안내 멘트 아울러 행사의 원활한 진행을 위해 소지하고 계신 핸드폰 전원을 꺼주시면 대단히 감사하겠습니다. 다시 한번 뜻 깊은 이 자리에 참석해 주신 내외귀빈 여러분께 진심으로 감사드립니다. (상황에 따라 2-3회 반복) Please refrain from using the mobile phone during the ceremony. Thank you for your cooperation and we welcome and thank you for your attendance.	Off 이진민	-	핸드폰 PPT	H100	Mic1	Full	
		안전 멘트	▣ 비상구 안내 멘트 그리고 이 홀에는 6곳의 비상문이 있습니다. 여러분의 좌우측의 비상구를 확인해 주시고 유사시 저희 요원의 안내에 따라 주시기 바랍니다.	이진민	사회자 연단	-	H100	Mic1	Full	
16:54 - 17:00	컨벤션홀11 내부	한국홍보영상 상영	▣ 사회자의 사전 예고 없이 영상물 상영 - Korea Sparkling (5' 30")	DVD		Korea Sparkling	H50	DVD	-	

3) 행사장 세팅

행사장 세팅 시에는 참가자 수를 고려하여 필요한 좌석과 그에 따른 배치방법을 결정한다. 개회식의 중요도가 높은 컨벤션은 개회식장의 시스템과 기자재에 많은 비용을 들이기도 하며 시스템의 종류에 따라 공간을 많이 차지하기도 하므로 이를 고려해야 한다. 동시통역이 제공되는 경우에는 동시통역부스 배치에 신경써야 하며 각종 사인물과 소요물품을 파악하여 준비해야 한다.

그림 6-3 개회식장 배치계획도(예)

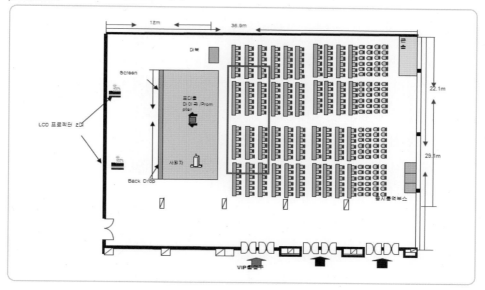

4) 리허설

리허설은 예행연습으로 보통 행사 개최 전날 혹은 당일 현장에서 진행되며, 행사의 원활한 진행과 성공을 위해 필수적이다. 리허설은 기자재 및 시스템만으로 진행하는 Technical Rehearsal과 사회자, 스태프 등 관련자 모두가 모여 실시하는 전체 리허설이 있다.

제**2**절 사교행사(Social Program) 기획 및 운영

1. 사교행사와 식음료

컨벤션에는 참가자를 환영 및 환송하고, 참가자 간의 네트워킹과 친목도모를 위한 사교행사로서 연회프로그램을 마련한다. 이는 주최자와 참가자 상호 간의 유대를 강화하는 효과와 함께 회의에 활력을 제공하는 효과가 있다.

컨벤션이 '최신정보 제공 및 교류'와 '참가자 간의 친목도모'라는 목적을 충족시킬 수 있으므로 회의 못지않게 중요한 프로그램이다.

대부분의 사교행사는 식음료가 반드시 수반되며, 식음료는 모든 컨벤션에서 빠지지 않는다. 컨벤션의 식음료는 휴식시간에 제공되는 간단한 다과와 음료에서부터 정찬까지 다양한 형태로 제공된다. 모든 식음료는 회의의 목표, 성격, 주제를 뒷받침할 수 있도록 제공되어야 한다.

메뉴는 개최지역의 특수성과 계절적인 요인을 고려하여 선택하는 것이 좋으며, 종교적이나 건강상의 이유로 특별한 식이요법(예: 채식주의자)을 하는 참가자를 위해서 부가적으로 특별식을 준비하는 것이 바람직하다.

1) 식음료(Food & Beverage)의 중요성

식음료는 기본적으로 참가자의 신체적 욕구를 만족시키는 중요한 역할을 한다. 이는 매슬로의 욕구 5단계[12]에서 1단계인 생리적 욕구 중 하나로 배고픔은 회의의 집중도를 분산시킨다. 그러므로 배고픔을 해결해 줌으로써 참가자에게 심리적 안정감을 주는 것이다.

---

12) Maslow의 욕구 5단계: 인간의 욕구가 그 중요도별로 일련의 단계를 형성한다는 동기 이론의 일종이다. 하나의 욕구가 충족되면 위계상 다음 단계에 있는 다른 욕구가 나타나서 그 충족을 요구하는 식으로 체계를 이룬다. 가장 먼저 요구되는 욕구는 다음 단계에서 달성하려는 욕구보다 강하고 그 욕구가 만족되었을 때만 다음 단계의 욕구로 전이된다.

식음료는 신체적인 욕구를 충족시킬 뿐만 아니라 참가자 간에 사교의 장을 제공하여 자연스러운 네트워크를 조성하는 데 기여한다.

그리고 개최시설에 식음료 매출로 인한 재정적 이익을 제공하며, 식음료를 유료로 제공하는 경우 주최자의 수입에도 도움을 줄 수 있다. 또한 식음료에 대한 참가자들의 만족도 제고로 인해 컨벤션 성공의 개최요인으로 작용하기도 한다.

2) 컨벤션 식음료(Food & Beverage) 프로그램

① 조찬(Breakfast)

조찬의 경우, 일반 참가자들을 대상으로 하는 것이 아니고 이사회 등의 특정 그룹의 회의를 아침식사를 하면서 개최하는 것을 말한다. 빽빽한 컨벤션 프로그램 일정으로 인하여 구성원들의 시간 조율이 힘든 경우에 개최한다.

② 커피 브레이크(Coffee Break, Refreshment)

대부분의 프로그램이 회의로 구성되어 있고 장시간의 회의로 참가자들이 피로하고 지루하게 느껴질 수 있으므로 회의 중간중간에 잠시 휴식시간을 배정하여 회의의 능률을 높일 필요가 있다. 또한 커피 브레이크 시간은 휴식뿐만 아니라 참가자들 간에 친교의 시간을 제공하기도 한다.

보통 오전과 오후에 각각 휴식시간을 갖는데, 오전의 휴식시간은 중간보다 약간 앞선 시간에 갖는 편이 좋고, 오후의 휴식시간은 중간보다 약간 늦는 것이 좋다. 휴식시간(Break time)은 회의 1시간 반이나 2시간마다 배정하며, 30분 정도의 휴식시간에 커피, 차, 생수, 시원한 음료와 같은 마실거리와 함께 간단한 다과를 준비한다. 아침이라면 머핀, 베이글과 같은 빵 종류를 준비하여 아침 대신 먹을 수 있도록 준비하고, 오후에는 요구르트, 과일, 쿠키 등을 준비한다. 국내에서는 떡이나 한과 등의 전통다과를 준비하기도 한다.

커피 브레이크를 위한 식음료는 회의실의 크기에 따라 회의실의 뒷부분이나 인접한 방 또는 로비, 전시장에서 제공하는 것이 일반적이다.

전시장에서의 커피 브레이크는 참가자들을 전시장으로 유도하기 위해 실시한다.

③ 오찬(Luncheon, Luncheon Symposium)

컨벤션은 참가자들에게 점심을 제공하지 않는 것이 일반적이며 초청연사 등의 일부 VIP를 위한 오찬으로 진행한다. 그래서 점심시간(lunch time)의 개념으로 구성되는데 간혹 오찬(luncheon)이나 오찬 심포지엄(luncheon Symposium)을 개최하기도 한다. 오찬 심포지엄은 의학학술대회의 프로그램인 경우가 많은데, 관련 회사들이 컨벤션 기간 동안 참가자들을 대상으로 점심을 제공하면서 신제품이나 신기술 설명회를 개최하는 것을 말한다. 참가자들은 중식을 제공받고 오찬 제공사는 진성 고객들을 대상으로 설명회를 개최하므로 홍보효과를 높일 수 있는 프로그램이다.

④ 칵테일 리셉션(Cocktail Reception)

칵테일 리셉션이란 칵테일을 마시면서 참가자들을 만나며 친교의 시간을 갖는 행사이다. 많은 사람들을 만나는 것이 목적이므로 의자 없이 서서 돌아다니는 파티형식으로(이선영·임지숙, 2012), 메인 디너가 시작되기 전에 진행되기도 한다. 초대된 참석자들은 가벼운 술이나 음료를 마시면서 적극적으로 사람들을 사귀며, 적당한 때에 알아서 자리를 떠난다.

⑤ 만찬/정찬(Dinner)

컨벤션에서의 만찬은 가장 사교적이며 정식적인 상차림을 제공받는 프로그램이다. 참가자들은 만찬에 맞게 의복을 갖춰 입고 참석해야 하며 full-course dinner가 제공된다. 또한 개최국가나 개최지의 문화를 엿볼 수 있는 공연프로그램도 함께 진행된다.

⑥ 테마파티(Theme Party)

테마파티는 특정 테마를 선정하여 모든 콘텐츠를 테마에 맞춰 일관성 있게 구성하는 것으로, 할로윈 파티나 발렌타인데이 파티 등을 들 수 있다. 컨벤션에서는 개최국이나 개최도시의 전통이나 문화와 관련된 테마를 주제로 구성하는 사교행사이며, 경주의 밤, Seoul Night 등이 대표적인 예이다.

2. 사교행사의 종류

컨벤션에서 사교행사의 기본 프로그램은 환영연과 환송연이며 행사형식은 서서 진행하는 리셉션(reception)과 앉아서 진행하며 정식 식사를 제공하는 만찬(dinner 혹은 banquet)으로 구분할 수 있다. 대부분의 컨벤션에서 환영연은 필수적으로 개최되며 간혹 짧은 일정 등으로 인해 환송연은 생략하는 경우도 있다. 반면에 개최기간이 4일 이상인 경우에는 중간에 저녁 사교행사를 추가 구성하여 참가자들에게 개최국 문화를 접할 수 있는 기회를 제공하기도 한다.

1) 환영연(Welcome Reception/Dinner)

환영연은 주최자가 공식적으로 참가자들에게 환영 및 감사의 인사를 하는 시간이며, 참가자들은 친목도모와 New Friendship을 생성할 수 있는 자연스러운 기회를 제공받는다.

환영연은 컨벤션 개최 첫날이나 혹은 전날 전야제의 개념으로 진행된다. 행사의 형식은 칵테일 리셉션(Cocktail Reception)이나 Standing Buffet가 일반적이며, 주어진 시간 안에 자유로운 출입이 가능하게끔 계획한다. 시간상 외국이나 타지역에서 오는 참가자들의 피로와 부담을 덜어주기 위해 정식적인(formal)

성격보다는 비형식적인(informal/casual) 성격의 행사이다. 행사의 공연도 참가자들의 대화를 방해하지 않는 잔잔한 배경음악(실내악 혹은 BGM)으로 구성하며, 주최국의 문화관련 짧은 홍보 영상물을 상영하기도 한다.

2) 환송만찬(Farewell Dinner)

환송만찬은 주최자와 참가자 간의 친목을 돈독히 하고 차기 행사에서의 재회를 기약하는 석별의 장으로서, 컨벤션의 피날레를 장식하는 행사로 개최기간의 마지막 날 혹은 전날 저녁에 진행된다. 컨벤션의 성격에 따라 정식만찬이 아닌 리셉션의 형태로 진행되기도 한다. 입장은 순서에 의하여 정시에 진행되며, 소규모 회의인 경우에는 좌석이 미리 배정된다.

환영연과는 달리 격식에 따른 정식 만찬으로, Full-Course Meal의 Sit-down Dinner 형태이며 복장도 예의를 갖춘 정장이어야 한다. 파티문화가 익숙한 외국 참가자들은 턱시도(Tuxedo 혹은 Smoking)나 이브닝 드레스를 착용하기도 하며 일반적으로는 비즈니스 정장차림(Business Suit)으로 참석한다. 환송연의 공연은 환영연보다 중요한 프로그램으로 구성되며 개최국의 문화를 보여주고, 다양한 오락요소가 가미되어 참가자들에게 흥미를 줄 수 있어야 한다.

3. 사교행사 세부계획 및 프로세스

1) 사교행사 세부계획

　컨벤션 사교행사 세부계획은 공식행사와 유사하다. 사교행사는 초청업무와 공식프로그램 준비과정은 공식행사와 동일하지만 식음료와 공연프로그램 계획이 추가적으로 구성된다. 사교행사는 컨벤션의 대표적인 식음료 제공 프로그램이므로 세심한 식음료 계획과 준비가 요구된다. 또한 개최기간 중 유일하게 개최국가나 도시의 문화를 엿볼 수 있는 프로그램이므로 공연프로그램과 공연단 선정에도 주의 깊은 계획과 준비가 필요하다.

그림 6-4 사교행사 세부계획

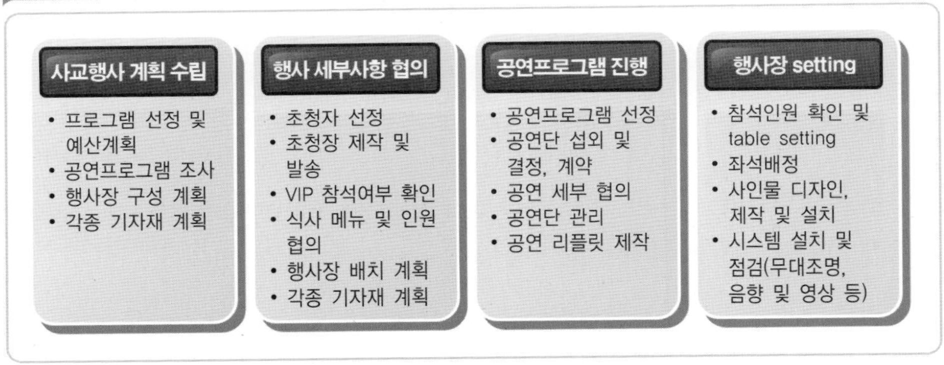

사교행사 계획 수립	행사 세부사항 협의	공연프로그램 진행	행사장 setting
• 프로그램 선정 및 예산계획 • 공연프로그램 조사 • 행사장 구성 계획 • 각종 기자재 계획	• 초청자 선정 • 초청장 제작 및 발송 • VIP 참석여부 확인 • 식사 메뉴 및 인원 협의 • 행사장 배치 계획 • 각종 기자재 계획	• 공연프로그램 선정 • 공연단 섭외 및 결정, 계약 • 공연 세부 협의 • 공연단 관리 • 공연 리플릿 제작	• 참석인원 확인 및 table setting • 좌석배정 • 사인물 디자인, 제작 및 설치 • 시스템 설치 및 점검(무대조명, 음향 및 영상 등)

2) 사교행사의 업무 및 절차

　컨벤션에서 공식 및 사교행사의 업무 및 절차는 유사하며 업무내용별 절차는 [표 6-1]과 같다.

[표 6-1] 공식 및 사교 행사의 업무 및 절차

업무내용	업무절차	
행사/ 식음료운영 기본 계획 수립	공식행사운영 기본 계획 수립	• 행사 개최 일시 및 장소 선정
		• 행사 참가대상 범위 선정
		• 행사 진행계획 수립
	사교행사운영 기본 계획 수립	• 행사 개최일시 및 장소 선정
		• 행사 참가대상 범위 선정
		• 행사 진행계획 수립
	식음료 운영 기본 계획 수립	• 식음료 제공 횟수 및 시간 선정
		• 식음료 메뉴 선정
	커피 브레이크 운영 기본계획 수립	• 커피 브레이크 제공 횟수 및 시간 선정
행사별 운영 준비	예산 수립	• 진행 예산 수립
	초청자 관리	• 행사별 초청장 발송여부 결정
		• 행사별 초청대상 선정
		• 초청장 제작
		• 초청장 발송
		• VIP 참석 여부 확인
		• 참가자들의 음식성향 파악
		• 최종 참가자 리스트 정리
	사회자 섭외	• 전문 사회자 필요여부 협의
		• 사회자 선정
		• 조건 협의 및 계약
	공연팀 섭외	• 공연 포함 여부 결정
		• 공연 주제 및 소요시간 협의
		• 공연단 섭외 및 조건 협의
		• 공연일정 확인 및 계약
	행사장 조성	• 행사장 내부도면 작성
		• 행사장 장식 협의
		• 무대 설치 여부 협의
		• 무대 디자인

	식음료 준비	• 식음료 제공 스타일 협의
		• 예산에 맞는 식음료 가격 및 메뉴 확정
		• 주문 개런티 협의 및 계약
	각종 인쇄/제작물 준비	• 인쇄/제작물 종류 및 수량 확인
		• 인쇄/제작물 발주
행사 및 식음료 운영	최종 리허설 및 현장 운영	• 행사요원 교육/배치
		• 행사장 배치 및 필요 물품 설치 확인
		• Head Table 배치
		• 기타 준비물 점검
		• 최종 리허설
		• 행사 진행
사후 보고	행사/식음료 보고	• 일일 행사/식음료 보고
		• 최종 행사/식음료 보고

출처: 지방공무원을 위한 국제회의 · 이벤트편람(2006)

4. 식음료 운영계획

식음료를 결정할 때, 컨벤션의 예산을 고려하여 메뉴의 가격을 잘 검토하고 가격이 미결정인 경우에는 가격 인상을 고려하여 정해야 한다.

컨벤션의 식음료 예약은 주최 측이 지불하는 양(guarantee)을 결정하는 것으로, 참가자를 사전에 예상할 수 있지만 식사인원에 대한 확정은 상당히 어려운 일이다.

식음료 제공업체에서는 식자재 등의 준비로 일찍 확정해 주기를 원하지만 주최 측은 되도록 늦게 결정하기를 원한다. 잘못 확정하여 인원이 너무 넘쳐 음식이 부족하거나 반대로 참가인원이 적어서 음식이 남아 예산을 낭비할 수 있으므로 인원 확정은 신중히 진행해야 한다. 그러므로 총 참가자 수 대비 실제 식사 참가자의 평균수치를 파악하고, 행사기간 동안의 날씨, 부대행사의 유무, 참가자의 외부활동 여부 등을 고려하여 결정해야 한다.

1) 식음료 스타일 협의

식음료 프로그램별 식사방식을 결정해야 한다. 참가자들이 테이블에 착석하고 음식을 서빙할 것인지, 뷔페 스타일로 참가자들이 직접 음식을 갖다 먹는 방식으로 할 것인지, 아예 스탠딩 스타일로 할 것인지 등 스타일을 협의, 결정해야 한다.

2) 식음료 가격 및 메뉴 결정

호텔 혹은 케이터링(Catering) 업체 등 식음료 제공자와 협의해서 주최 측의 예산에 맞춰 적정수준의 식음료 가격을 결정한다. 그리고 가격에 맞는 메뉴를 정하는데, 채식주의자 혹은 종교적인 제한 음식 등 특별 식사(Special Meal) 신청자의 유무를 파악하여 결정해야 한다.

3) 식사 주문 확정 협의 및 계약

예상 참가자 수, 예상 소요 음식량, 행사 개최시간 등을 고려하여 식음료 제공자와 최종 주문량, 일정 및 비용 등에 대해 협의한다. 일반적으로 식사 제공자는 음식 예약 주문량의 3~10%(보통 5%)를 추가로 준비하는데, 추가 준비 음식에 대한 비용은 지불하지 않아도 된다. 추가로 준비하는 것은 예상보다 참가자가 많이 참석했을 경우 주문량보다 소비가 더 발생할 수 있으므로 이에 대비하는 것이다.

제 **7** 장

관광·수송 및
의전 기획

컨 · 벤 · 션 · 기 · 획 · 실 · 무

제 7 장 관광 · 수송 및 의전 기획

학습 목표 컨벤션 관광의 개념과 중요성을 이해한다.
컨벤션 관광의 유형과 사례를 파악한다.
컨벤션 수송업무의 유형을 알아본다.
컨벤션 의전의 범위와 운영에 대하여 학습한다.

제 1 절 관광계획

1. 컨벤션 관광의 이해

컨벤션에서 관광은 회의와 함께 참가자들의 등록을 증진시키는 중요한 요인이다. 관광 프로그램은 주최국의 문화, 역사, 관광매력물 등에 대한 홍보 및 컨벤션 주제와 관련된 기업체, 기관 등의 시찰을 통하여 참가자들에게 다양한 정보를 제공하는 데 목적을 두고 있다. 컨벤션 참가자들은 회의뿐만 아니라 개최국가의 문화, 역사 등에도 관심이 많으므로 체험관광 위주로 구성해야 한다.

1) 관광의 중요성 및 효과

컨벤션에서의 관광은 참가자에게 즐거움을 추구하는 활동과 체험을 제공하여 참가자 만족도를 높인다는 점에서 컨벤션의 성공요인으로 작용한다.

관광프로그램은 컨벤션 주최 측에서 실제적인 재정 수익을 얻지는 못하지만 관광프로그램을 통해 참가자들이 다양한 관광매력물을 체험하면서 지출하는 비용으로 개최지역에 경제적인 효과를 제공한다는 점에서 의미가 있다. 또한 컨벤션 참가자들은 대부분 해당 국가를 이끌어가는 리더(opinion leader)들이므로 이들을 통한 간접홍보의 효과를 볼 수 있다.

2) 관광프로그램의 분류

컨벤션에서 관광프로그램은 대상별, 비용 지불 및 기간에 따라 [표 7-1]과 같이 분류할 수 있다.

[표 7-1] 컨벤션 관광프로그램의 분류

분류		개요	대상	비용
사전관광 Pre-Congress Tour		– 컨벤션 개최 전에 진행하는 관광 – 보통 1~2일 코스로 구성하여 개최지에서 근거리로 선정함 – 일일관광을 비롯하여 다양한 프로그램	참가자 및 동반자	참가자 부담
사후관광 Post-Congress Tour		– 컨벤션 종료 후 익일부터 2~4일 코스로 구성 – 편안한 관광이라는 이점이 있어 사전관광보다 선호함 – 개최지에서 원거리 등 다양한 프로그램으로 구성하며 간혹 국외코스가 포함되기도 함 (일일, 1박 2일, 2박 3일 등)	참가자 및 동반자	참가자 부담

대회 중
관광
	Daily Tour	– 참가자들이 일정에 맞게 선택하여 체험할 수 있도록 다양한 프로그램 제공
		– Half day tour(반일관광)
		 : 오전, 오후 관광
		  시간의 제약으로 시내관광(City tour)이 대부분
		– Full day tour(전일관광)
		 : 중식을 포함한 전일관광
		  시내관광뿐만 아니라 개최도시 근교지역까지의 관광이 가능함
		– Night tour(야간관광)
		 : 공식 일정이 없는 야간시간을 이용하여 관광
		  개최도시의 밤문화를 체험할 수 있는 기회 제공
			참가자
			및
			동반자
				참가자
				부담

Excursion	– 모든 컨벤션에 있는 프로그램은 아님 – 공식프로그램에 구성되어 있음 – 참가자들에게 휴식을 제공하기 위하여 회의 일정 중 개최 – 목적: 참가자들 간의 친목도모 및 개최지역의 관광 및 문화 소개	참가자 및 동반자	주최자 혹은 동반자 부담
Technical Visit (산업시찰)	– 일반관광이 아닌 현장답사의 개념을 띠고 있음 – 컨벤션 주제에 맞는 기관, 사업장 등을 방문하여 개최지역 관련산업의 현황을 소개하는 프로그램 (예) 자동차관련 회의: 자동차회사 및 공장방문	참가자 및 동반자	주최자 부담

2. 컨벤션 관광업무 및 운영

1) 관광업무의 내용 및 절차

컨벤션에서 관광업무의 내용과 업무절차는 [표 7-2]와 같다

[표 7-2] 컨벤션 관광업무 및 절차

업무내용	업무절차	
관광운영 기본 계획 수립	공식여행사 선정	• 관광 운영 제안 요청서(RFP) 작성 및 배포(견적 요청)
		• 운영 제안서 및 대행비 견적 분석
		• 여행사 선정
		• 조건 협의
	관광프로그램 구성 계획	• 프로그램 종류 결정
		• 프로그램 진행일자 결정
		• 우천 시 대체 프로그램 계획

프로그램별 코스 및 참가비 결정	관광코스 결정	• 동반자 프로그램 코스 계획
		• Pre & Post 관광코스 계획
		• 일일 관광코스 계획
		• 산업시찰 프로그램 계획
		• 관광코스 예정지 답사
		• 관광코스 확정
	관광프로그램 참가비 결정	• 진행경비 산출
		• 1인당 참가경비 확정
관광 예약 관리	관광신청서 접수	• 관광신청서 제작 및 발송
		• 관광신청서 접수
		• 관광신청확인서 발송
		• 관광신청비 입금 확인
		• 입금확인 영수증 발송
	관광신청자 관리	• 관광프로그램별 신청자 리스트 작성
		• 변경 요청사항 처리 및 업데이트
관광프로그램 운영	사전 준비	• 수송차량 임차
		• 관련 물품 및 전문요원 확보
	현장 운영	• 관광진행요원 교육/배치
		• 관련 물품 및 전문요원 확보
		• 여행사 관광프로그램 운영 감독
		• 코스별 관광프로그램 진행
사후 보고	관광보고	• 일일 관광보고
		• 최종 관광보고

출처: 지방공무원을 위한 국제회의 · 이벤트편람(2006)

2) 관광프로그램 선정 시 고려사항

첫째, 컨벤션 참가자의 인구통계학적 특성을 고려해야 한다. 해당분야별, 연령별, 성별, 국가별 특성과 참가자들의 성향을 분석하여 그에 맞는 관광프로그램을 선정해야 한다.

둘째, 컨벤션의 성격을 고려해야 한다. 학문중심, 친목중심, 비즈니스 중심이냐에 따라 관광의 비중과 프로그램이 달라져야 한다.

셋째, 컨벤션 개최시기 및 개최장소를 고려해야 한다. 계절별, 개최지에 따라 관광프로그램의 구성이 달라질 수 있다.

넷째, 컨벤션 프로그램에 따라 관광프로그램의 종류 및 유형이 달라져야 한다. 마지막으로 관광 및 문화 프로그램에 대한 참가자들의 관심과 needs를 파악해야 한다.

3) 관광프로그램 준비 및 진행

① 관광프로그램 선정

참가자들의 특성 및 회의프로그램을 고려해야 하며, 참가자의 호응도가 높은 프로그램으로 구성한다. 컨벤션 참가자들은 다양한 관광경험을 갖고 있으므로 일반관광보다는 체험관광에 비중을 두는 것이 좋다. 또한 개최장소 주변의 관광지와 쇼핑을 포함하여 구성한다.

② 공식 여행사 선정

일반적으로 컨벤션에서 관광프로그램은 주최 측이 직접 진행하지 않고 전문여행사에 의뢰하므로 공식 여행사를 선정하는 작업이 중요하다. 여행사는 외국인 전문 인바운드 여행사로 관광경험이 많고 신뢰도가 높은 여행사를 선정한다.

③ 사전 홍보 및 신청서 접수

컨벤션 안내서에 관광프로그램에 대한 내용과 관광신청서를 첨부하여 예상참가자들에게 홍보한다. 관광프로그램 참가 희망자는 사무국에 관광신청서를 제출하고 사무국에서는 관광 신청자료를 공식 여행사에 인계하고, 이후 운영 및 관리는 여행사에서 진행한다.

④ 현장진행 및 안내

관광프로그램 신청은 현장에서도 가능하며 현장신청자도 사전신청자와 함께 진행한다. 등록데스크 주변에 관광데스크를 운영하며 프로그램 진행 및 관광관련 안내업무를 수행한다. 그리고 프로그램 진행 시 능력 있는 가이드와 신종차량을 선정하여 운영한다.

그림 7-1 **관광프로그램 운영 프로세스**

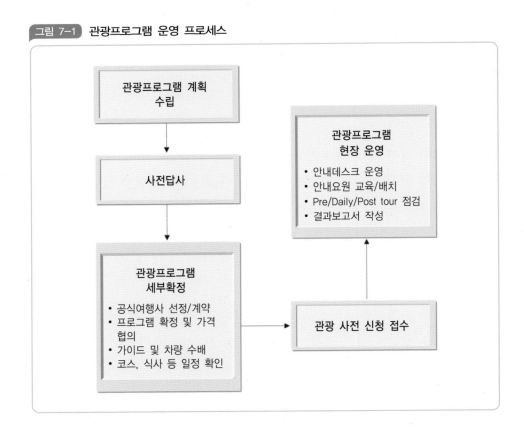

3. 동반자 프로그램

1) 동반자 프로그램(Accompanying Persons' Program)의 개념

참가자가 회의에 참석하는 동안 기다리는 동반자를 위한 공식 프로그램이다. 과거에는 주로 부인들을 동반하여 배우자(spouse)프로그램이라고 하였으나 동반자의 개념이 변화됨에 따라 용어가 변경되었다. 동반자는 대부분 여성과 아동으로 구성되며 회의프로그램 중 환영연 및 Excursion 등에는 참석할 수 있으나 회의프로그램에는 참석할 수 없으므로 시간적 여유가 있다.

2) 동반자 프로그램의 운영

개최지역의 문화체험이나 관광으로 구성하며 체험프로그램을 중점적으로 진행하므로 참가자들의 호응도 높다(예: 김치 만들기, 다도체험, 박물관체험 등). 또한 여성들이 많으므로 쇼핑관광도 필수프로그램으로 구성한다.

주최 측이 동반자 프로그램을 무료로 제공하는 경우에는 별도의 동반자 등록비를 받으며, 그렇지 않은 경우는 동반자 프로그램을 위한 참가비를 별도로 선정하여 신청을 받아 진행한다. 참가자의 등록신청 시 함께 신청을 받는다.

4. 컨벤션 관광 및 동반자 프로그램 사례

[표 7-3]은 컨벤션 참가자들을 위한 관광 및 동반자 프로그램에 대한 사례이다.

[표 7-3] 부산 개최 컨벤션관광 및 동반자 프로그램

분류		프로그램
대회 후 관광		– 제주도관광: 1박 2일/2박 3일 코스 – 서울관광: 1박 2일/2박 3일 코스 (KTX로 이동/경복궁, 인사동 등 한국의 전통문화체험)
대회 중 관광	Half-day Tour	– Morning Tour: 태종대/자갈치시장/BIFF광장 – Market Tour: 부산타워/국제시장 – 부산박물관/범어사(excursion)
	Full-day Tour	– 동백섬/누리마루/오륙도 – 달맞이고개/해동용궁사
	Night Tour	– 금정산성 야경/광안대로 드라이브 – 달맞이고개 야경/해운대 드라이브
	Technical Visit (교통장관회의)	– Rotem, 부산신항 – 현대자동차, 현대중공업
	Cultural Experience	– 도자기 만들기 체험 – 김치 만들기 체험 – 다도 체험
	Accompanying Persons' Program	– 부산타워/자갈치시장/태종대(반일) – 부산아쿠아리움/오륙도(반일) – 경주 천마총/석굴암/불국사(전일)

제**2**절 수송계획

컨벤션은 다양한 운송수단을 필요로 한다. 운송수단이 무엇이든 간에 컨벤션 기획가는 안전한 양질의 서비스를 제공하고, 효율적인 운영을 통해 비용을 절감해야 한다.

그림 7-2 **컨벤션에서의 다양한 수송형태**

공항

행사호텔

시내관광

사교행사

호텔

사후관광

1. 컨벤션 수송의 구분

1) 수송업무 범위 및 내용

컨벤션에서 수송업무 중 가장 기본은 '입국수송'으로 입국하는 참가자들을 회의장이나 호텔까지 이동서비스를 제공하는 것이며, 개최기간 동안 회의장과 호텔 간의 수송, 회의장 외 부대행사장으로의 수송업무도 포함된다. 또한 VIP의 경우, 입국 수송서비스는 기본으로 제공하며 간혹 입국부터 출국까지 컨벤션 개최기간 동안 수송서비스를 제공하는 경우도 있다. 특히 정부행사의 경우는 해당 VIP를 위해 개별차량을 제공하기도 한다.

그림 7-3 컨벤션 수송업무 범위 및 내용

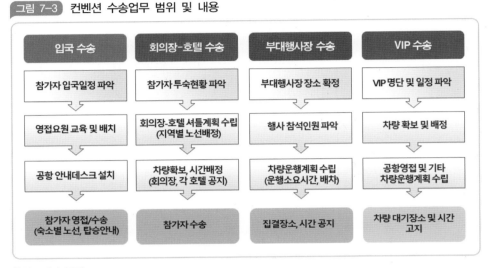

입국 수송	회의장-호텔 수송	부대행사장 수송	VIP 수송
참가자 입국일정 파악	참가자 투숙현황 파악	부대행사장 장소 확정	VIP 명단 및 일정 파악
영접요원 교육 및 배치	회의장-호텔 셔틀계획 수립 (지역별 노선배정)	행사 참석인원 파악	차량 확보 및 배정
공항 안내데스크 설치	차량확보, 시간배정 (회의장, 각 호텔 공지)	차량운행계획 수립 (운행소요시간, 배차)	공항영접 및 기타 차량운행계획 수립
참가자 영접/수송 (숙소별 노선, 탑승안내)	참가자 수송	집결장소, 시간 공지	차량 대기장소 및 시간 고지

출처: 저자 구성

2) 수송의 분류

컨벤션에서 공간적인 수송은 항공수송과 육상수송으로 구분하며, 선박수송은 여객보다는 물자수송을 담당한다.

(1) 항공수송

항공편은 컨벤션에 참가하는 해외 참가자들의 주요 교통수단이다. 개최도시의 공항시설, 항공편의 빈도 등 외국 참가자의 컨벤션 개최도시로의 접근성이 중요하다. 그러므로 개최지 선정 시 항공으로의 접근성이 중요한 요인으로 작용한다. 대규모 컨벤션의 경우, 참가 독려를 위하여 항공사와 협조하여 할인요금을 적용하기도 한다.

(2) 육상수송

컨벤션 관련 육상수송은 입출국 시의 공항과 숙박호텔 간의 수송, 행사장과 숙박호텔 간의 셔틀버스 운행, 부대행사 수송 등으로 다양하다. 사전에 컨벤션 전체 일정 및 기타 행사 관련 필요사항을 구체적으로 확인하고 이에 대한 계획을 수립해야 한다.

2. 수송계획 및 운영

1) 수송계획 시 고려해야 할 요인

수송계획의 가장 기본은 안전이며 위기관리(risk management)에 각별히 유의해야 한다.

차량 관련 보험 등 행정적인 제도에 대한 정확한 확인과 준비가 필요하며, 수송 관련 충분한 인원배치를 통해 세심한 안내와 관리가 중요하다. 그리고 소요차량 외에도 예비차량 등을 배차하여 비상사태에 대비해야 하며, 차량선정 및 배차 등 차량운영에 각별한 주의와 관리가 필요하다.

2) 수송업무 및 절차

과거에는 공식 항공사를 선정하여 업무를 함께 진행하였으나 요즘에는 공식 항공사를 선정하지 않는 편이다. 왜냐하면 저가항공사의 등장 및 해외여행 경험이 많은 참가자들이 대부분이라 공식 항공사 선정이 참가자들의 편의제공으로 연결되지 않기 때문이다. 메가 이벤트나 정부행사의 경우는 예외일 수도 있다. 그러므로 본서에서의 컨벤션 수송업무는 항공수송보다 육상수송을 중심으로 설명하고자 한다.

[표 7-4] 컨벤션 수송업무 및 절차

업무내용		업무절차
수송 기본계획 수립	항공수송 세부계획 수립	• 국내선 수송계획
		• 국제선 수송계획
	육상수송 세부계획 수립	• 공항-행사장 수송계획
		• 행사장-호텔 및 행사장 간 수송계획
육상수송	수송업체 선정	• 차량 종류 및 필요대수 산정
		• 차량임차 견적요청서(RFP) 작성 및 배포
		• 수송업체 및 임차비 견적 분석
		• 수송업체 선정
		• 조건 협의
		• 계약서 작성 및 계약 완료
	수송 준비	• 참가자 입국 스케줄 확인
		• 호텔별 숙박자 분포 확인
		• 운행노선 결정
		• 노선별 소요시간 분석
		• 노선별 운행 스케줄 결정
		• 셔틀버스 운행시간표 제작
		• 셔틀버스 운행안내 사인물 제작
	육상수송 운영	• 수송요원 교육/배치
		• 셔틀버스 운행시간표 배포
		• 차량별 운행노선 안내 사인물 부착
		• 차량운행
사후보고	수송보고	• 일일 수송보고

출처: 지방공무원을 위한 국제회의 · 이벤트편람(2006)을 중심으로 저자 재구성

3) 수송계획 수립

(1) 행사별 구체적인 필요사항과 일정계획 수립

행사별로 다음과 같이 구체적인 필요사항과 일정을 계획해야 한다.

- 날짜, 요일, 시간
- 예상승객 수, 참석예정자 수, 각 호텔별 투숙자 수
- 교통 혼잡 및 비상시 대체경로

(2) 수송 담당 운송회사 선정

컨벤션 전체 수송을 담당할 운송회사를 선정해야 한다. 선정 시에 고려할 사항은 다음과 같다.

- 비용: 차량별 비용, 서비스 비용
- 차량: 차량종류 및 상태, 수명 및 연식, 내부편의시설 등
- 보험: 가입되어 있는 보험의 유형 및 적용여부 확인
- 기타: 차량고장 및 사고에 대비한 예비차량 확보 여부

그림 7-4 수송업무 운영 프로세스

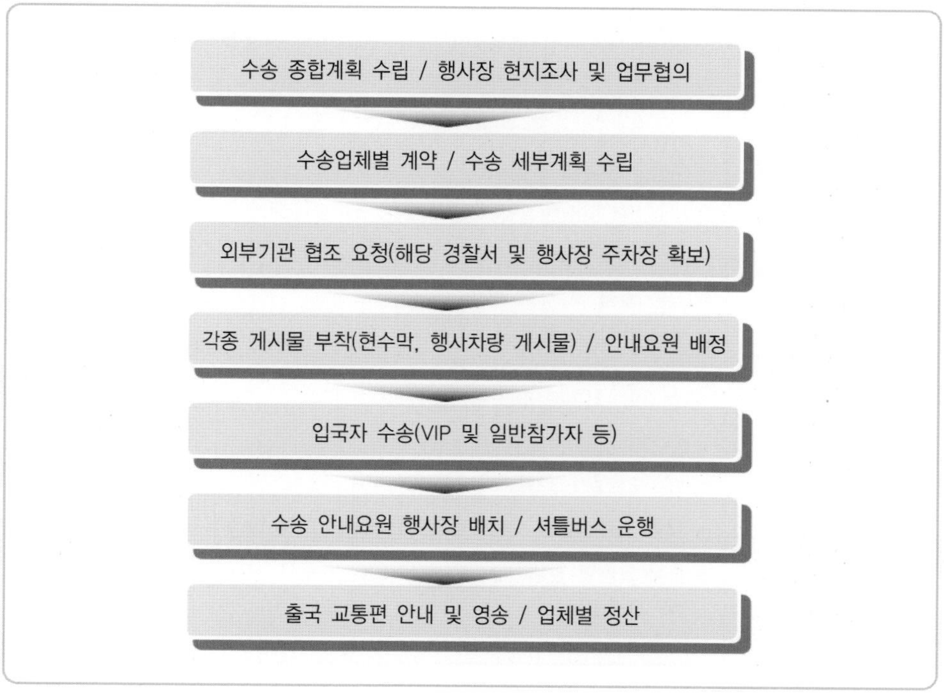

수송 종합계획 수립 / 행사장 현지조사 및 업무협의

수송업체별 계약 / 수송 세부계획 수립

외부기관 협조 요청(해당 경찰서 및 행사장 주차장 확보)

각종 게시물 부착(현수막, 행사차량 게시물) / 안내요원 배정

입국자 수송(VIP 및 일반참가자 등)

수송 안내요원 행사장 배치 / 셔틀버스 운행

출국 교통편 안내 및 영송 / 업체별 정산

4) 수송업무 단계별 추진일정

컨벤션 수송업무는 7단계로 구분하여 진행된다.

1단계는 컨벤션 개최 일 년 전으로, 수송관련 전반적인 계획을 수립하고 행사장에 대한 현지조사를 한 후 업무를 협의해야 한다. 2단계는 개최 6~12개월 전으로 수송분과위원회를 구성하고 전담수송업체를 선정, 계약하고 수송에 대한 세부계획을 수립한다.

3단계는 2~6개월 전으로 관련기관에게 협조업무를 요청하고 행사별 주차공간을 확보해야 한다. 개최 전 2~1.5개월 전인 4단계에서는 차량관련 각종 소모품과 제작물을 준비하고 안내요원을 배정하여 교육을 실시한다.

개최 전날부터 일반참가자와 VIP에 대한 수송업무가 진행된다.

[표 7-5] 수송업무 단계별 추진일정

단계	추진업무	추진기간
1단계	- 수송 기본계획 수립 - 행사장 현지조사 및 업무협의	12개월 전
2단계	- 수송분과위원회 구성 - 수송관련업체와의 계약 - 수송 세부계획 수립	6~12개월 전
3단계	- 대외기관과의 협조업무 요청 - 행사장 주차장 공간 확보	2~6개월 전
4단계	- 최종 일정 및 차량 배차 - 수송안내요원 확보 및 교육 - 각종 소모품 및 준비물 제작 및 구입 (현수막, 사인물, 비상약 등)	2개월 전~15일 전
5단계	- 입국자 수송 진행(공항-호텔) - VIP 수송업무 진행	1일 전
행사기간 동안	- 각종 프로그램별 수송업무 진행	
행사 종료 후	- 출국 교통편 안내 - VIP 영송업무 - 차량대금 정산	

제**3**절 의전 및 공항영접 계획

대부분의 컨벤션에서는 내부 및 외부 귀빈들의 참석이 빈번하므로 이에 대한 의전이 중요하다. 특히 정부행사 및 국제기구 컨벤션의 경우, 해당 국가의 대표가 참석하는 경우가 많으므로 의전이 가장 중요한 업무가 되기도 한다.

1. 컨벤션 의전(protocol)의 이해

1) 의전의 개념

의전(儀典)의 사전적 의미는 '예(禮)를 갖추어 베푸는 각종 행사 등에서 행해지는 예법'이다. 즉 '사람과 사람과의 관계를 평화스럽게 하는 기준과 절차'라 할 수 있다. 여기에서 '사람'의 의미는 개인에게 적용됨은 물론 가정, 직장(조직체), 사회, 국가 및 국제관계까지 인류사회의 모든 활동주체를 포함한다고 할 수 있다. 또한 오늘날의 의전은 사회적 규범으로서 예가 제도화된 것이며, 국가사회의 통합과 정체성을 고양하는 중요한 역할을 하기도 한다.

의전(protocol)은 국가 및 외교 행사, 국제적 관계에서 국제적 예의이나 넓게는 건전한 상식에 입각한 예의범절이라고 정의내릴 수 있다.

어원을 살펴보면, 그리스어 'proto-kollen(최고의 접착제)'에서 유래되었으며 인간사회를 원활하게 하기 위한 윤활유와 같은 역할을 한다.

국가 간의 의전은 국가 또는 국가를 대표하는 기관이 관여하는 공식행사를 규율하는 일련의 규칙(rules)이다.

의전의 기본은 사회생활을 하는 데 필요한 상식(common sense)과 상대방을 고려하는 배려정신(consideration)이라고 할 수 있으며, 컨벤션에서의 1차적인 의전은 회의 전반에 걸친 참가자를 위한 배려와 서비스이다.

일반적으로 행사에서의 의전은 행사 참석자 간의 서열을 준수하는 데서부터 시작된다고 할 수 있다.

2) 정부 행사 의전의 범위

APEC이나 G20 정상회의와 같은 범국가적 컨벤션에서는 의전업무가 가장 중요하며 한 치의 실수도 용납할 수 없는 업무이다. 그러므로 사전에 철저한 계획과 준비로 완벽하게 진행되어야 한다.

컨벤션의 의전업무는 운영원칙을 정하고 공항영접, 숙박호텔 및 각종 프로그램 참가 시의 의전계획을 수립하는 것에서 출발한다.

그림 7-5 **컨벤션 의전의 범위**

운영 원칙	• 참가국가별 전담 의전팀 구성 • 각국 대표단 및 참가자용 차량 대기 등 의전업무 진행
공항영접	• 각국 대표단 및 참가자 입국 시 Boarding Bridge 영접 • 대표단용 차량으로 호텔까지 수송편의 제공
숙박호텔	• 대표자 객실에 환영선물 제공(환영카드 등) • 체크인 진행 및 객실 배정 확인
각종 행사 참가	• 일정별 행사 안내 및 가이드 • 외부 행사장 이동 시 해당 국가 참가자 Care

3) 서열관행

많은 VIP가 참석하는 컨벤션의 성격상 참석자의 서열을 확인하고 이에 맞는 예우기준을 결정해야 한다.

일반적으로 서열을 결정할 때는 현 직위, 전직, 연령, 특정 행사와의 연관성

정도, 관계인사 상호 간의 관계 등을 다각적으로 고려해야 한다.

우리나라의 경우 정해진 공식서열은 없지만 외교부를 비롯한 기타 의전 당국에서 실무 처리상 일반적 기준으로 삼고 있는 비공식 서열을 기준으로 결정한다. 대통령, 국회의장, 대법원장, 국무총리, 국회 부의장, 감사원장, 부총리, 외교부 장관, 외국 특명전권대사, 국무위원(장관), 국회상임위원장, 대법원 판사, 국회의원, 검찰총장, 합참의장, 3군 참모총장, 차관 등의 순서로 확정한다.

의전 구성의 5요소(5R)

1. 의전은 상대에 대한 존중(respect)과 배려(consideration)이다.
2. 의전은 문화의 반영(reflecting culture)이다. ―로마에서는 로마인처럼 행동하라―
3. 의전은 상호주의(reciprocity)를 원칙으로 한다.
4. 의전은 서열(rank)이다.
5. 의전은 오른쪽(right)이 상석이다.

---

(1) 행사에 참석한 사람들의 순위

크게 공식 서열과 관례상의 서열로 기준을 세운다. 공식 서열은 귀족이나 공직자 등 신분에 따른 직위나 관직에 따라 선정하는 것이다. 반면 관례상 서열은 사회적 예의로 정해 놓은 것으로 다음과 같은 경우를 들 수 있다.

- 사회 문화적 지위 고려: 예술가, 문인 등
- 회의 성격상 지위부여: 국제기구, 단체장
- 공식서열로 지위결정 불가: 정당총재, 언론 및 금융단체장
- 전통서열 인정: 옛 왕족

또한 다음과 같은 서열기준을 고려하기도 한다.
- 보통 남편과 부인의 서열은 동일
- 나이 고려: 같은 직위인 경우

- 기혼여성이 미혼여성보다 서열이 높음
- 외국인에게 높은 서열 적용: 같은 직위인 경우
- 높은 직위의 서열을 따름
- 레이디 퍼스트(lady first)
- 공식서열의 기준도 나라마다 다름
- 일상생활에서는, 외국인→초면→가끔 초대받는 사람→자주→친척 순으로 순위를 정한다.

(2) 실생활에서의 예우

자동차 및 일상생활 속에서의 서열 및 예우 관행은 다음과 같다.
- 노약자, 어린이, 신혼부부 우선 배려
- 실내: 출입문 아랫자리, 벽난로 쪽 중앙, 부적합 시 경관이 좋은 자리
- 계단, 복도: 상급자 중앙, 차상급자 오른쪽, 올라갈 때 여성 우선
- 안내 및 수행: 안내는 왼쪽 한 걸음 앞, 수행은 왼쪽 한 걸음 뒤
- 비행기: 상급자, 연장자는 최후에 탑승하고 우선 하차. 앞 창가, 복도, 가운데 순
- 엘리베이터: 상급자 최후 탑승, 우선 하차
- 자동차

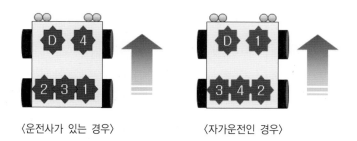

〈운전사가 있는 경우〉　　　　〈자가운전인 경우〉

(3) 좌석배치 서열

컨벤션 개회식과 같은 공식행사나 만찬 등의 사교행사에서도 서열에 따른 예우가 필수적이다.

일반적으로 좌석배열 시 주 공용어나 영어 등의 알파벳 순으로 국가의 순서를 결정한다. 또한 보통 자신의 오른쪽(정면에서는 왼쪽)이 상석이다.

그림 7-6 **좌석배치 서열**

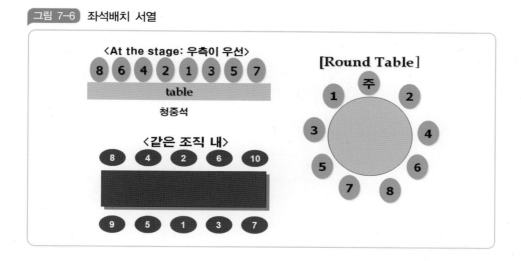

2. 의전계획 및 운영

1) 의전계획 수립

의전 및 공항영접은 따뜻하고 극진한 예우와 안전하고 철저한 경호, 보안 및 경비가 기본이 되어야 한다. 또한 VIP에 맞는 영접기준이어야 하며 계획을 꼼꼼히 수립하고 도착 및 이동 시 최대한의 편의를 제공하는 것을 기본으로 해야 한다. 공항영접은 외국 참가자의 비율이 높고 대형 컨벤션의 경우 중요한 업무이지만 규모가 작고 외국 참가자가 많지 않은 경우는 생략하는 경우도 있으므로 컨벤션의 규모와 성격에 따라 진행해야 한다.

2) 의전 및 영접 업무 및 절차

컨벤션에서 의전업무는 일반 의전과 공항영접업무로 나눌 수 있으며 세부적인 업무 및 절차는 [표 7-6]과 같다.

[표 7-6] 의전 및 영접 업무 및 절차

업무내용	업무절차	
의전운영 기본계획 수립	영접 및 환송 세부계획 수립	• 일반 참가자 의전절차 확정
		• VIP 참가자 의전절차 확정
	회의장 내 의전 세부계획 수립	• 의전절차 확정
공항 영접/환송	대상자 관리	• 영접/환송 대상자 선정
		• 입/출국 일정 확인
		• 대상별 영접인사 선정
		• 영접스케줄 조정
	영접/환송 운영 준비	• 관련기관 협조 요청
		• 관련공항 협조 요청
		• 공항영접/환송데스크 확보
		• 영접용 피켓(picket) 제작
		• 공항 현수막 및 각종 사인물 제작
	영접/환송 운영	• 영접/환송요원 교육/배치
		• 공항 현수막 및 각종 사인물 부착
		• 공항영접/환송데스크 운영
		• VIP 의전차량 대기
회의장 의전	대상자 관리	• 의전대상자 선정
		• 대상자별 의전계획 수립
	의전 운영	• 의전요원 배치
		• 주요 대상자 의전
사후 보고	의전 보고	• 일일 의전 보고
		• 최종 의전 보고

출처: 지방공무원을 위한 국제회의 · 이벤트편람(2006)

3) 유관기관 협조사항

최상의 공항영접 및 의전업무를 수행하기 위해서는 관련기관의 협조가 반드시 필요하다. 외교부를 시작으로 법무부, 국토교통부, 보건복지부 및 경찰청까지 다양한 부서의 협조가 필요하며, 공항영접과 관련하여 한국공항공사의 긴밀한 협조가 우선되어야 한다.

이와 같은 유관기관의 협조를 구하기 위해서는 사전에 관련부서에 협조공문과 컨벤션관련 정보를 제공하여 승인을 받아야 한다. 각 부처관련 자세한 협조사항은 〈그림 7-7〉과 같다.

그림 7-7 의전 및 공항영접관련 유관기관 협조사항

외교부
- 회원국 및 국제기구에 대한 외교 강화 및 아국홍보 지원
- 국내외 VIP에 대한 의전업무 지원
  - 대리수속 요청 및 의전관 영접
  - 공항 귀빈실 사용 협조 및 의전차량 제공(국빈급)

국토교통부
- 항공운항청, 인천 및 한국공항공사 업무협조
- 국내외 항공편 증설(특히, 제주에서 개최시 인천-제주 증편)
- 공항 영접상황실 사용 및 참가자 라운지 설치 협조

법무부
- 행사 참가자에 대한 신속한 비자발급
- 무비자 입국자에 대한 비자 현장발급
- 참가자 전용 입국심사대 설치 및 신속한 출입국절차
- 참가자 출입국 현황정보 제공

보건복지부
- 공항 출입국 검역, 동식물 검역 및 방역활동(SARS 등)
- 위생 및 식품안전대책 강화 및 지도 감독
- 총회장, 외부 행사장 등에 대한 응급의료체계 지원

경찰청
- 공항 입출국, 상황실, 라운지 안전 및 보안
- VIP 등 주요 요인 경호 및 Convoy 요청
- 공항경찰대 업무협조, 공항 내 교통관리 협조

국가정보원
- 국정원 주관 출입국 안전대책반 수립
- 대리수속 관련 업무협조
- 임시출입증 발급 협조 관련
- 행사시 정보 및 보안관련업무 지원

3. 공항영접 및 영송 계획

1) 공항영접 및 영송 개요

컨벤션 참가자를 대상으로 입국관련 수속업무 및 수송 등의 편의를 제공하고

필요한 정보를 제공하는 데 목적이 있다.

공항영접 기간은 일반적으로 컨벤션 개최 2일 전부터 개최일까지이며, VIP의 경우는 입국일정에 따라 진행한다.

공항영접은 기본적으로 인천국제공항에서 운영되지만, 부산이나 제주 등 타지역 개최 시에는 개최지 공항까지 연결하여 운영하기도 한다. 이어서 최종 목적지 공항에서 호텔이나 행사장까지 교통수단을 제공하는 업무도 포함된다. 초청연사 등 VIP는 임대 승용차를 이용하며, 일반 참가자들에게는 교통정보를 제공한다. 간혹 일반 참가자들에게도 별도의 셔틀버스를 제공하는 경우도 있다.

영송은 VIP 외에는 제공하지 않는 것이 일반적이며, 대부분 VIP 출국일정에 따라 차량을 제공한다.

2) 공항영접 업무 흐름도

공항영접 업무는 일반참가자와 VIP로 구분하여 진행된다.

일반참가자를 위한 공항영접은 공항안내데스크를 운영하면서 컨벤션 및 여행지관련 정보를 제공하는 것이 주요한 내용이다.

공항안내데스크는 최종 목적지 공항에 설치하여 운영되며, 안내데스크를 사용하기 위해서는 사전에 해당 공항공단에 사용요청 공문을 발송해야 한다. 사용승인을 받은 후 사용료를 지불하면 행정적인 절차는 완료된다. 일반적으로 안내데스크는 컨벤션 개최 이틀 전부터 개최 당일까지 운영한다.

공항안내데스크 및 현장운영계획을 수립하고 필요한 차량을 수배하고 필요한 안내요원을 확보한 뒤 교육을 실시한다. 사전에 참가자들에게 공항안내데스크 운영에 관한 자세한 정보를 제공하여 데스크를 이용하도록 유도한다. 안내데스크 사인물을 제작하고 필요물품을 준비한 후 안내데스크를 설치하고 운영한다.

VIP의 경우는 귀빈실을 사용하는 경우와 사용하지 않는 경우로 구분된다. 귀빈실을 사용하지 않는 경우는 본인이 CIQ를 통과하고 도착장에 나오게 되면 대기하고 있던 영접요원과 만나서 주차장으로 안내, 차량으로 투숙 호텔이나 행사장으로 이동한다.

　귀빈실을 사용하는 직위의 VIP를 위한 공항영접은 항공일정을 확인하고 외교부를 통해 의전협조 요청 공문을 발송하여 허가를 얻은 후 본격적인 준비업무를 시행하게 된다. 영접요원의 CIQ 내 출입증을 신청, 귀빈실 및 귀빈주차장 사용 허가를 받는 작업이 후속되어야 한다.

　요즘은 일련의 의전업무를 전문의전업체에 의뢰하는 경우도 있다. 의전관련 노하우와 경험을 보유하고 있는 업체를 활용함으로써 효율성과 VIP 만족도를 높일 수 있는 장점이 있다.

그림 7-8　공항영접 계획 흐름도

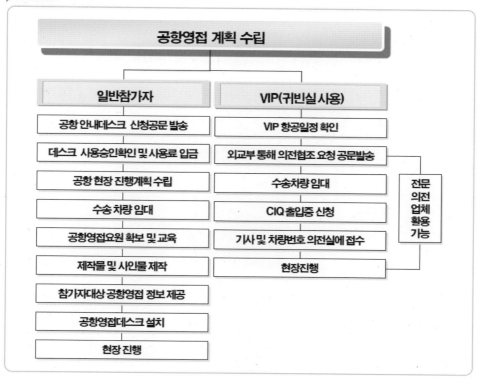

3) 참가자별 공항영접 프로세스

VIP는 공항 도착 후 브리지를 이용하여 비행기에서 내리면 대기하고 있던 영접요원과 만나 검역을 통과하고 귀빈실로 이동한다. VIP가 귀빈실에서 잠시 쉬고 있는 동안 입국절차를 진행하게 되며 입국심사가 완료되면 귀빈 주차장으로 이동한다. 사전에 기사에 연락이 되어 있어 주차장에 도착함과 동시에 차량에 탑승하여 목적지로 출발하게 된다.

일반참가자는 입국심사를 통과하고 입국장으로 나와 공항안내데스크를 방문하여 교통편에 대한 안내를 받는다. 별도의 차량이 운행하지 않는 경우, 버스 및 택시 등 대중교통을 이용하여 이동하게 된다.

그림 7-9 VIP 및 일반참가자별 공항영접 프로세스

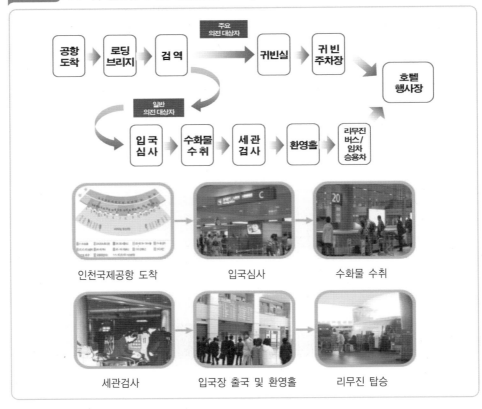

4) 공항안내데스크 운영

공항안내데스크 설치를 하기 위해서는 공항 입국장 안내데스크 사용 신청 협조공문을 최우선적으로 발송하여 허가를 받아야 한다.(www.airport.kr 참조) 사용허가를 받은 후, 안내데스크에 필요한 의자, 전화 등의 집기를 신청해야 한다.

공항안내데스크는 참가자들이 찾기 쉬운 장소에 배치해야 하며, 다양한 사인물을 활용하여 편리하게 찾을 수 있도록 힘써야 한다. 참가자가 수속 시 문제가 발생할 경우 즉시 조치할 수 있는 시스템을 마련해 두어야 한다.

안내데스크에 필요한 설치물과 준비물은 다음과 같다.

- 시설물: 유도사인보드, 안내데스크, 의자, 단기전화, 무전기, 피켓 등
- 준비물: 공항영접 및 수송대상자 리스트, 리무진 운행시간표, 호텔셔틀 버스 운행표, 현장사무국 및 호텔 연락처, 컨벤션 프로그램 등

그림 7-10 **입국동선표**

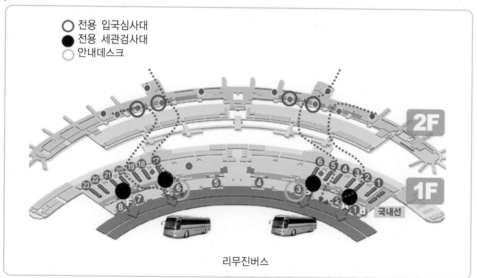

리무진버스

제 **8** 장

홍보 및
마케팅 기획

컨 · 벤 · 션 · 기 · 획 · 실 · 무

제1절 컨벤션 홍보 및 마케팅 계획

제2절 홍보물 제작

제 8 장 홍보 및 마케팅 기획

학습
목표
컨벤션 홍보와 마케팅의 개념과 중요성을 이해한다.
컨벤션 홍보계획 수립과정을 파악한다.
컨벤션 각종 홍보물 제작업무에 대하여 알아본다.

제 1 절 컨벤션 홍보 및 마케팅 계획

컨벤션의 핵심은 회의분야인 것처럼 컨벤션을 성공적으로 유치하고 개최하기 위해서는 홍보 및 마케팅 분야가 매우 중요하다. 현대사회에서 홍보·마케팅업무의 중요성이 대두되는 것처럼 컨벤션도 홍보·마케팅을 통해서 참가율을 증대시키고 컨벤션 및 주최기관에 대한 이미지를 제고할 수 있다.

특히 세계적으로 많은 국가들이 컨벤션산업의 중요성을 인식하고 국가적인 차원의 산업육성에 힘쓰고 있어서 국가 간, 컨벤션 간 경쟁이 치열한 상황에서는 홍보·마케팅이 더욱 중요한 업무이다. 홍보·마케팅은 시대적으로 변화되어야 하며 IT와 social media의 발달로 시대의 흐름에 맞는 홍보·마케팅 전략을 세워야 한다.

1. 컨벤션 마케팅과 홍보계획

일반적으로 마케팅(Marketing)은 개인이나 집단이 제품을 생산하고 교환함으로써 욕구와 원하는 것을 얻는 일련의 사회적 관리과정(Exchange of Services & Goods to Satisfy, Participants Needs & Wants)이라고 정의 내릴 수 있다

(Kotler, 1996). 마케팅 관리(Marketing Management)는 기업의 목적을 달성하기 위해 표적시장과의 이익 교환을 창출하고 유지하고자 계획된 프로그램을 분석, 기획, 실행하고 통제하는 것이다.

그림 8-1 **컨벤션 마케팅의 핵심개념**

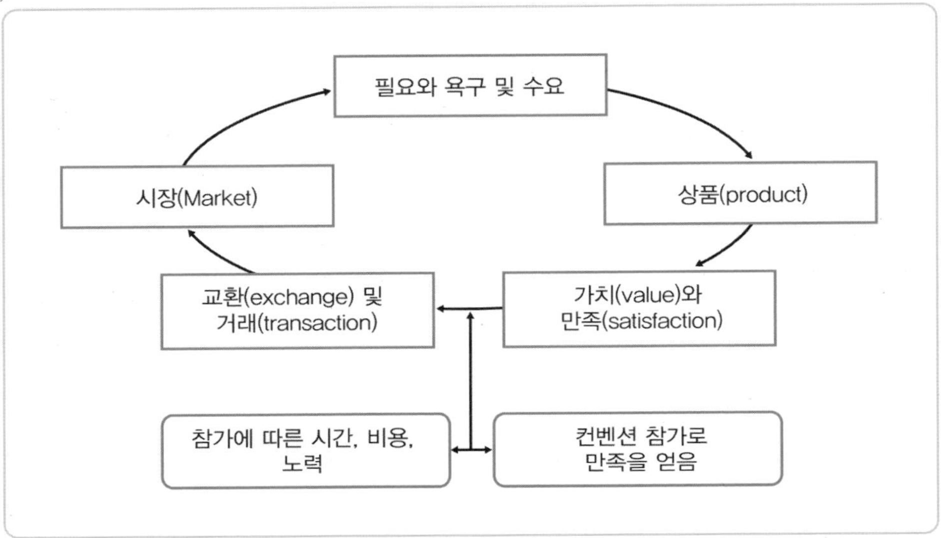

출처: 이경모, 전게서

1) 컨벤션 홍보업무 및 업무절차

컨벤션 홍보는 매체를 통한 홍보와 각종 인쇄물 및 제작물을 통한 홍보로 구분할 수 있다.

[표 8-1] **컨벤션 홍보업무 및 절차**

업무내용	업무절차	
홍보/기본 계획 수립	홍보계획 수립	• 홍보전략 수립
		• 홍보대상 선정
		• 홍보매체 선정

홈페이지 운영	홈페이지 제작/관리 업체 선정	• 관련업체 리스트 작성
		• 홈페이지 제작 및 관리비용 조사
		• 조건 협의 및 계약
	홈페이지 제작	• 콘텐츠 계획
		• 홈페이지 디자인
		• 관련 프로그램과의 연계
	홈페이지 관리	• 시기별 관련 프로그램 Open 및 운영
		• 각 분야별 최신내용 Update
홍보물 제작	관련업체 (인쇄/영상제작) 선정	• 견적요청서 작성
		• 견적요청서 발송
		• 견적 분석 및 업체 선정
		• 조건 협의 및 계약
	행사 공식로고 디자인	• 공식 로고 디자인
	인쇄물 제작	• 인쇄물 종류 결정
		• 인쇄물 디자인
		• 인쇄물 수량 결정
		• 인쇄 의뢰 및 교정
		• 인쇄 발주
	홍보영상물 제작	• 영상물 내용 결정
		• 영상물 제작 발주
사전홍보 진행	유관대회 참가를 통한 사전 홍보	• 국내외 유관대회 개최일정 조사
		• 참가행사 선정
		• 행사 주최자에게 홍보부스 및 홍보 이벤트 운영에 대한 협조 요청
		• 홍보계획 수립 및 홍보물 준비
		• 행사 참가/홍보 진행
	DM 발송	• 홍보물 발송대상자 DB 구축
		• 홍보물 발송횟수 및 일정 확정
		• 일정에 따른 홍보물 발송

	광고매체	• 광고매체 조사
		• 광고 게재비용 조사
		• 광고 게재 매체 선정
		• 광고 집행
	매체 홍보	• 국내 매스컴을 활용한 홍보 주선
		• 보도자료 작성 및 발송
	social media 홍보	• SNS 홍보매체 선정
		• 기사 및 관련정보 업로드 및 업데이트
		• 매체별 댓글 관리
		• 매체별 이벤트 진행
현장홍보 준비	Press Center 설치 준비	• Press Center 운영계획 수립
		• 장소 선정
		• 필요기자재, 물품, 자료 준비
	홍보 제작물 준비	• 각종 현판 및 현수막 제작
		• 각종 사인보드 디자인 및 제작
		• 수교물 제작
현장홍보 진행	각종 홍보 제작물 설치	• 제작물 현장 설치
	언론 브리핑 개최	• 언론 브리핑 진행
	Press Center 운영	• Press Center 요원 교육/배치
사후 보고	홍보 보고	• 일일 홍보 보고
		• 최종 홍보 보고

출처: 지방공무원을 위한 국제회의 · 이벤트편람(2006)을 토대로 저자 재구성

2) 홍보계획 수립

컨벤션에서 참가자 확보는 컨벤션의 성공을 위한 가장 기본적이며 중요한 요소이다. 예상 참가자들을 대상으로 참가를 독려하기 위해서는 그들의 성향과 요구 등 시장조사를 하고 그에 맞는 홍보방법 및 시기 등에 대한 계획을 수립해야 한다.

전통적인 홍보수단은 포스터, 안내서를 제작하여 예상참가자들에게 발송하는 것이다. 그러나 IT와 인터넷의 발달로 인하여 요즘은 오프라인 홍보보다 홈페이지, SNS 등 온라인 홍보가 더 활발히 이용되고 있다.

(1) 홍보전략 수립

예상 참가자들의 참가를 독려하고 컨벤션 및 주최기관에 대한 긍정적인 이미지를 제고시키기 위한 적절한 홍보전략을 수립해야 한다. 컨벤션의 주제 및 참가자들의 성향을 고려하여 주최기구나 단체와 협의하여 전략을 수립하는 것이 바람직하다.

(2) 홍보대상 선정

컨벤션 홍보대상은 일반적으로 참가대상과 후원대상으로 구분할 수 있다. 참가대상은 컨벤션 참가율을 증대시키고 회의와 주최기관에 대한 이미지 향상을 목적으로 한다. 구체적으로 과거 컨벤션 참가자 명단, 주최기구나 단체 및 참여기관이나 단체의 회원명부 등을 참고한다.

후원대상은 컨벤션 관련 기관, 단체나 기업 등으로 회의에 대한 이미지 고취와 협찬 및 후원을 유치하기 위한 목적이다.

(3) 홍보매체 선정

홍보매체 선정 시에는 홍보 대상 및 컨벤션 주제, 성격, 매체의 도달률, 효과 및 예상 참가자들에 대한 노출빈도 등을 고려하여 적절한 매체를 선정한다.

컨벤션은 축제나 박람회 등과는 달리 참가자가 제한적이므로 TV나 신문 등 공중파 매체는 좋은 수단이 아니다. 공중파 매체는 광고비가 고가이므로 노출빈도에 한계가 있으며 주최 측의 부담이 높은 반면 예상참가자들에 대한 노출 정도가 그다지 높지 않다. 오히려 저렴한 비용의 전문잡지나 매체 등을 통해 노출빈도를 높이면서 예산의 효율성을 높이는 것이 바람직하다.

[표 8-2] 컨벤션 홍보매체별 장단점

홍보매체	장점	단점
TV	• 다수 대중에 대한 생생한 시청각 효과 • 신뢰도 향상 및 빠른 침투속도 • 자발적인 참가유도	• 높은 비용부담 및 광고시간의 제약 • 중요시간대 확보의 어려움 • 기록성이 없음
라디오	• 음악청취 취향에 따른 표적화 가능 • 높은 빈도의 반복노출 가능 • 영상매체에 비해 저렴한 비용 • 지역적인 조정 가능 • 비교적 짧은 광고 제작기간	• 광고시간의 제한 • 기록성이 없음 • 청취자의 낮은 관심도와 전달률 • 시각적인 메시지 전달 불가능 • 청각과 기억력에만 의존
잡지	• 다양한 색상의 광고 가능 • 컨벤션 특성에 따른 표적화 가능 • 오랫동안 지속되는 광고효과 • 비교적 낮은 비용	• 독자의 낮은 관심 • 적시광고의 어려움 • 광고메시지 변경의 어려움
신문	• 적시 광고 용이성과 짧은 준비기간 • 지역적인 조정 가능 • 다양한 정보의 양 게재 가능 • 정보 소지 가능	• 표적고객 선정의 어려움 • 짧은 광고수명 • 높은 광고비용
DM (Direct Mail)	• 정확한 표적화 가능 및 즉각적인 반응 • 제작형식과 발송의 융통성	• 자료의 입수 · 유지 · 관리의 어려움 • 정크메일의 증가 및 수신자 일인당 높은 비용
전단 (Flyer)	• 비교적 낮은 제작비용 • 기초정보의 손쉬운 형식 이용	• 전달의 어려움 • 낮은 관심과 폐기 용이성
포스터	• 왕래가 빈번한 장소게시 용이 • 장식으로 이용 및 Eye catch의 용이성	• 파손 가능성이 높음 • 정보전달내용의 한계성
브로슈어 (Brochure)	• 다량의 정보전달 가능 • 참가자 지향적	• 비교적 높은 제작단가 • 많은 양의 폐기와 낭비
현판 현수막 배너	• 낮은 제작비용과 짧은 제작기간 • Eye catch의 용이성	• 정보전달 양의 제한 • 게시허가 및 게시기간의 제약
인터넷	• 젊은 층 중심의 접근 용이 • 정보의 수정 용이 및 다량의 정보전달 가능	• 제한된 접근성과 수요자

출처: 이경모, 전게서(2005)

3) 목표별 홍보방법

컨벤션은 홍보목표에 따라 대상과 홍보방법을 적절히 계획해야 한다. 컨벤션 홍보에서 핵심목표인 '참가자 증대'는 전차대회 참가자, 회원국 및 국내외 관련 단체의 회원을 대상으로 하며, 홈페이지 제작을 통한 홍보방법이 가장 기본적이다. 또한 홍보 인쇄물을 제작하여 배포하고 개별적으로 DM을 발송하는 방법을 사용한다. 더불어 관련 학회에 참가하여 홍보부스 운영 등을 통해 홍보하는 방법도 있다.

정부기관, 관련기업 및 연구기관을 대상으로 하는 홍보활동은 후원, 협찬이나 전시회 참가를 목적으로 하고, 개별적으로 접촉하는 것이 대부분이며 간혹 사업설명회를 개최하여 후원과 참가를 유도하기도 한다.

일반적으로 민간단체, 협회 및 기업회의는 회원 및 구성원들을 대상으로 하는 회의이므로 대국민 홍보를 하는 경우는 극히 드물다. 그러나 정부회의는 정부의 실적 및 개최 당위성을 표명하기 위하여 공중파 매체를 통해 홍보하기도 한다.

그림 8-2 컨벤션 목표별 홍보방법

목표	참가자 증대	협찬/전시	회의홍보	국가홍보
대상	• 전차대회 참가자 • 회원국 단체 • 국내외 관련단체	• 정부기관 • 관련기업/대기업 • 연구/지원기관	• 일반국민 • 학계/산업계 • 공공기관	• 해외참가자 • 국제사회 • 해외기관/학회
홍보방법	• 인쇄/제작물 배포 • DM 발송 • Internet 홍보 • 외국관련 학회 참가 홍보 • 단체등록 섭외	• 언론매체 • DM 발송 • 협조공문 • 광고 게재 • 개별 접촉	• 언론매체 • 옥외홍보물 • 미디어 홍보 • Homepage • 광고	• 현장홍보 • 해외학회 참가

출처: 이태희, 컨벤션 프로그램기획

4) 단계별 홍보방법

컨벤션 개최가 결정되고 사후단계까지 컨벤션 홍보는 단계별로 전략을 수립하고 일관성 있게 시행함으로써 효율성을 제고시킨다.

컨벤션 개최 전 사전단계의 홍보 핵심전략은 예상참가자들의 관심을 유도하고 컨벤션 개최 분위기를 조성하는 것이며, 추진내용으로 컨벤션 개최를 고지하고 컨벤션 개최에 대한 중요성 및 관심을 유도하는 것이다.

컨벤션 개최기간의 홍보는 컨벤션 고지와 참관을 증진시키기 위해 진행되며, 언론을 활용하여 구체적으로 컨벤션 내용을 전달하여 홍보효과를 극대화시켜야 한다.

컨벤션 개최 후에도 홍보활동은 진행되어야 한다. 사후에는 컨벤션 개최의 국내 및 국외적으로 긍정적인 평가를 유도하는데 홍보전략을 세워야 한다. 즉 컨벤션과 주최기관의 위상을 제고하는 데 중점을 두어야 한다.

그림 8-3 **컨벤션 단계별 홍보방법**

구분	사전단계	행사단계	사후단계
전략 방안	관심유도 및 Boom Up	회의 고지 및 참관유도	회의의 국내외 긍정평가 유도
중점 내용	• 회의 개최 고지 • 회의에 대한 중요성 - 관심 유도	• 구체적 행사내용 전달 • 언론 활용의 극대화 • 홍보 광고매체의 집중	• 회의 결과에 대한 긍정적 평가유도 • 회의 위상 제고 • 주최기관 위상 제고

(1) 사전 홍보

① 유관대회 참가를 통한 홍보

컨벤션 개최가 결정된 후 개최되는 관련 컨벤션에 참가하여 컨벤션 홍보활동을 전개한다. 홍보부스를 설치하여 컨벤션 안내문을 배포하거나 홍보 비디오를 상영하고, 좀 더 적극적인 홍보활동으로 식음료와 공연이 포함된 리셉션(만찬)을 개최하여 참가를 유도한다.

② DM(Direct Mail) 발송

DM은 모든 매체 중에서 가장 고전적이며 직접적인 방법으로 목표시장을 대상으로 홍보할 수 있으나, 목표시장 파악이 어려운 경우에는 효과가 저조한 단점이 있다. 홈페이지 등장 이후 비중은 낮아졌으나 여전히 오프라인의 중요한 홍보수단으로 이용되고 있다.

③ 광고 게재

각종 홍보물의 발송 외에도 국내외 관련 분야의 전문지 혹은 유력 일간지 등에 광고를 게재하기도 한다. 광고 게재를 위해서는 원하는 매체를 선정하고 광고료, 발행일, 광고 마감일 및 광고안 제작조건 등을 파악해야 한다. 광고문구는 참가자의 관심을 끌 수 있도록 짧으면서도 함축적이어야 하며, 행사명, 장소, 기간 및 연락처 등 간단한 컨벤션 정보로 구성한다.

④ 매체 홍보

전문 컨벤션은 광고보다는 전문 잡지나 신문, 유관기관이나 단체의 뉴스레테 등을 통해 행사내용을 보도하는 것이 광고 게재보다 일반적이다. 매체를 통한 보도는 주최 측의 힘이 닿지 않는 광범위한 대상까지 영향력을 미쳐서 새로운 회원의 확보 효과가 있으며, 일간지 보도기사 게재를 통해서는 일반인 대상 홍보의 효과까지 볼 수 있다.

(2) 현장 홍보

① 프레스 센터(Press Center) 설치 및 운영

컨벤션 홍보를 보다 효율적으로 하기 위해서는 국내외 언론인들의 취재자료 정리, 휴식 및 대외연락 등의 편의를 도모하기 위한 프레스 룸(센터)을 설치, 운영하며, 취재활동을 지원할 수 있는 인원을 배치해야 한다.

② 프레스 키트(Press Kit)

프레스 센터 운영여부와 상관없이 주최 측은 컨벤션 프레스 키트를 준비하여 언론사에 배포하여 기사를 유도한다. 프레스 키트는 다음과 같은 내용을 수록해야 한다.

- 한글과 영문으로 작성
- 보도협조를 요청하는 공식 서신
- Facts Sheet: 회의 날짜, 참가자 수, 주요 회의 주제
- 각종 브로슈어
- 주요 연사의 약력과 사진
- 미디어프로그램의 내용과 사진
- 각종 초청장

③ 미디어 브리핑(Media Briefing)

컨벤션 개최기간 중에 언론인을 대상으로 행사에 대한 브리핑을 실시하는 경우도 있다. 언론 브리핑 개최시기는 첫 회의 종료 후나 점심시간 전이 적당하며, 행사의 규모, 참가자 프로파일, 중요 행사, 미디어를 위한 프로그램, 취재편의 이용방법 안내 등을 내용으로 한다.

④ 홍보 제작물 준비

개최장소나 인근지역에 현판 및 현수막 등의 사인물이나 설치물을 통해 컨벤션 개최를 홍보하고, 참가자들에게 배포할 수교물 및 기념품 등에 컨벤션 정보를 게재하여 홍보한다.

2. 온라인(On-line) 홍보

IT와 인터넷의 발달로 인하여 획기적인 변화가 이루어졌으며 컨벤션도 많은 영향을 받아서 새로운 홍보매체들이 탄생하였다. 즉 컨벤션 홍보방법도 오프라인의 중심에서 온라인 중심으로 변화되었으며 신속하고 다양하게 홍보 프로그램을 전개할 수 있게 되었다.

1) 홈페이지 운영

(1) 홈페이지 제작/관리업체 선정

온라인을 활용한 홍보방법 중에서 홈페이지 구축을 통한 방안으로 주최 측이 자체적으로 제작하거나, 전문업체를 선정해서 컨벤션의 성격과 주제를 정확히 반영한 홈페이지를 구축할 수 있도록 해야 한다.

그림 8-4 컨벤션 홈페이지 사례

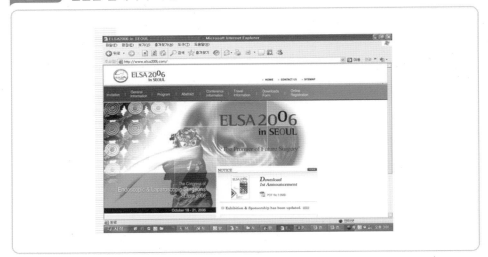

① 관련업체 리스트 작성

전문업체에 의뢰해 홈페이지를 제작하는 경우, 업체 조사를 통해 제작을 의뢰할 수 있는 복수의 업체를 선별한다.

② 홈페이지 제작 및 관리비용 조사

선별된 업체를 대상으로 견적서를 받아 홈페이지 제작과 관리비용을 조사한다.

③ 조건 협의 및 계약

조사한 내용을 바탕으로 업체를 선정하여 비용, 기간 및 세부사항 등의 조건을 협의하여 계약을 체결하고 진행한다.

(2) 홈페이지 제작

홈페이지 제작업체가 선정되었다 하더라도, 홈페이지 콘텐츠, 구성 및 제작방향 등은 주최 측이 결정해야 한다.

① 콘텐츠 기획

주최 측은 홈페이지에 수록할 메뉴 및 콘텐츠를 기획하여 제작업체에 전달해야 한다. 사용자(User) 편의 및 구성사항과 관련해서는 업체와 논의하여 컨벤션 관련 정보가 홈페이지를 통해 최대한 잘 전달될 수 있도록 구성해야 한다.

② 홈페이지 디자인

기본적으로 메뉴 배치와 콘텐츠를 제외하고는 디자인과 관련된 대부분의 사항은 전문업체에서 담당한다. 콘텐츠를 보다 시각적, 청각적인 면에서 효과적으로 전달할 수 있도록 여러 개의 시안을 만들어 수정, 보완해야 한다.

③ 관련 프로그램과의 연계

홈페이지에 등록이나 학술프로그램과 같은 관련 프로그램을 연계시킬 계획이 있다면 업체와 논의하여 홈페이지에 관련 프로그램을 연동시켜 운영하도록 한다.

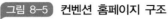

그림 8-5 **컨벤션 홈페이지 구조**

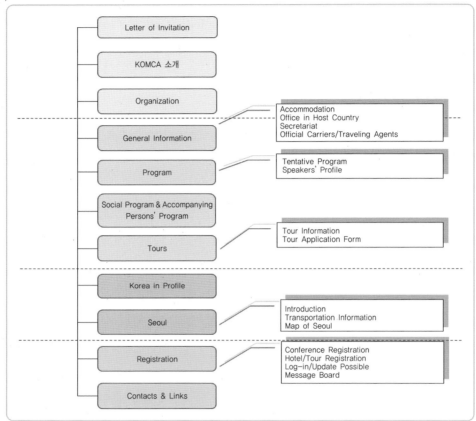

(3) 홈페이지 관리

컨벤션 준비가 진행됨에 따라 주최 측에서는 홈페이지 제작/관리 업체에 수정/추가 및 홍보사항이 생길 때마다 내용을 전달해서 홈페이지에 내용이 게시되도록 하고, 시기별로 관련 프로그램이 오픈될 수 있도록 관리해야 한다.

① 시기별 관련 프로그램 오픈 및 운영

등록 및 학술 프로그램 등 시기에 따라 관련 프로그램이 개설되어 방문객(잠재 참가자)들이 편하게 관련 정보를 확인하고 이용할 수 있도록 해야 한다.

② 홈페이지 내용 수정 및 업데이트

초청강의, 등록마감, 회의 프로그램 등 변경, 진행되는 내용을 홈페이지에 수록해야 한다. 즉 지속적인 업데이트 작업이 이루어져야 한다.

2) 소셜 미디어(Social Media)를 활용한 홍보

최근에 웹 2.0이 등장하면서 나타난 소셜 네트워크 서비스(Social Network Service, SNS)가 활성화되면서 컨벤션에서도 소셜 미디어가 중요한 홍보수단으로 활용되고 있다. 컨벤션의 페이스북, 트위터 등을 개설하고 운영함으로써 참가자와 주최 측 간의 쌍방향 커뮤니케이션이 온라인상에서 진행되어 참가자들의 니즈(Needs)나 불만사항에 즉각 대응함으로써 관계 마케팅의 통로를 열어갈 수 있다(김철원·최숙희·이태숙, 2012).

또한 컨벤션 애플리케이션(Application)을 제작하여 컨벤션의 최신정보를 개최 전부터 대회기간 동안 실시간으로 제공할 수 있다.

출처: www.google.com

제2절 홍보물 제작

컨벤션 홍보를 위한 제작물은 포스터, 안내서 등 각종 인쇄물을 기본으로 행사를 알리는 옥외 및 옥내 설치물에 이르기까지 다양하다.

홍보 제작물에는 통일된 디자인을 통해 참가자들에게 컨벤션의 일관된 이미지를 심어 홍보효과를 높이도록 계획해야 한다. 그리고 인쇄물은 영문으로 제작하지만, 참가자의 인구통계학적 특성에 따라 한국어, 중국어, 일본어 혹은 스페인어로 제작하기도 한다.

1. 인쇄 및 출판물

1) 컨벤션 공식 로고(Logo) 디자인

컨벤션에는 다양한 인쇄물, 안내물 등이 제작되는데 인쇄물에 지정된 로고, 심벌, 색상 등을 사용하면 컨벤션의 분위기를 고조시키고 컨벤션 전체 이미지를 제고시키며 참가자의 컨벤션 관련사항에 대한 인지도를 높이는 효과를 볼 수 있다. 로고, 심벌 및 색상 등은 일반적으로 주관 단체의 로고나 문장을 기초로 제작되는 경우가 많은데, 역사가 깊은 컨벤션의 경우, 동일한 디자인에 개최횟수, 개최연도의 표시만을 바꾸기도 한다.

그림 8-6 컨벤션 로고 사례

2) 인쇄물 제작 계획

컨벤션에 필요한 각종 인쇄물은 수량, 디자인 및 제작시기에 관해서도 계획을
수립하여 충분히 검토한 후 발주해야 한다. 인쇄물은 충분한 시간을 두고 진행
해야 하며, 제작 시 오자나 탈자가 없도록 주의해야 한다.

① 인쇄물 종류 결정

제작할 인쇄물의 종류를 결정한다. 인쇄물에는 포스터, 안내서, 프로그램북,
명찰, 초청장 등이 있다.

② 인쇄물 디자인 및 제작사양 결정

인쇄물의 종류에 따라 적절한 디자인을 하며, 동일한 로고 및 색상 등을 사
용하여 컨벤션 전체 이미지를 높이고, 참가자의 인지도를 상승시켜야 한다.
최종 디자인이 결정되면 각 인쇄물별 제작부수 및 종이재질 등의 제작사양을
결정한다.

[표 8-3] 컨벤션 현장 인쇄물 제작계획(예)

인쇄물명	규격(cm)	제작사양	수량	세부사항	비고
회의자료집 (프로그램북)	21×29.7	마스터 인쇄+2도 인쇄	400	바인더형	
바인더	21×29.7		70	바인더형 (내용은 제외)	
국내홍보물	14×22	2도 인쇄	1,000		
메모지	21×29.7	2도 인쇄	500		
명찰내지	10×12	150g S/W지에 인쇄	200	APF 참가자	※ 뒷면: 프로그램 일정표
			1,000 (6종)	세계대회 참가자	
	10.5×7	150g S/W지에 인쇄	500	개막식 참가자	※ 비표
명패	30×19(양면)	250g S/W지에 인쇄	100개	APF 명패	
			300개	세계대회장	
POP 용지	42×29.7	150g S/W지에 인쇄	100	다용도 사용	
오/만찬 초청장	17×12	300g S/W지에 인쇄	200×5종	ICC오찬 외부기관 주최	
부대행사 리플릿	14×21	250g S/W지 (2도 인쇄)	250	환영만찬 일정안내 (정동극장 공연 소개)	
결과보고서	21×29.7	마스터 인쇄	300	행사 후 제작	

③ 인쇄발주 및 교정

인쇄물의 디자인, 제작부수 및 제작사양이 결정되면 제작사에 발주를 의뢰한다. 발주한 인쇄물은 여러 차례의 교정작업을 거쳐 최종 인쇄된다.

3) 컨벤션 인쇄물의 종류

(1) 개최 전 인쇄물

① 포스터(Poster)

포스터는 홍보물 중 가장 전통적인 방법으로, 예상 참가자들이 선정되어 있는 경우에는 자주 접할 수 있는 공간에 오랜 시간 노출이 가능하다는 점에서 유용하다. 대국민 홍보가 필요한 컨벤션의 경우는 공공장소나 게시판에 부착하여 장기간 홍보와 저렴한 비용으로 가능하다는 장점을 갖고 있다. 포스터는 행사의 성격을 쉽게 파악할 수 있게 혹은 한국적인 이미지를 강조하게 디자인을 하기도 한다. 그리고 포스터는 사전 홍보물로 제작되지만 현장에서 행사장 데커레이션으로 활용되기도 한다.

그림 8-7 컨벤션 포스터(예)

② 안내서(Announcement, Circular)

컨벤션은 기본계획이 수립되면 예상참가자들을 대상으로 홍보활동을 본격적으로 시작하게 된다. 온라인상에서는 홈페이지를 제작하고 오프라인에서는 컨벤션 안내서를 제작하여 배포한다.

안내서는 컨벤션 준비기간과 규모 등에 따라 1차 안내서에서 3차까지 제작하는 경우도 있다. 그렇지만 1차, 2차 안내서를 제작하는 경우가 대부분이다. 특히 2차 안내서는 컨벤션에 대한 자세한 정보를 제공하고, 등록/숙박 및 학술에 대한 신청서 및 가이드라인 등의 중요한 내용이 수록되어야 한다.

그림 8-8 컨벤션 안내서(예)

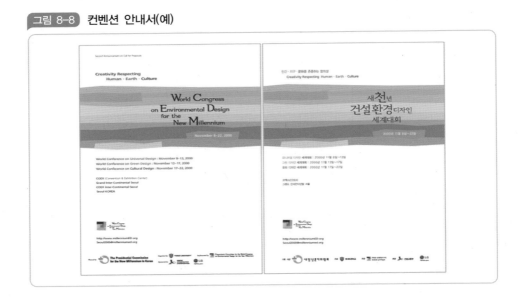

(2) 현장 인쇄물

① 명찰(Name Badge)

명찰은 컨벤션 참가자들이 프로그램에 참석하기 위해 반드시 필요한 ID card로 행사장에서는 항상 부착하고 있어야 한다. 명찰은 참가자의 역할 및 참가자격 등을 알 수 있도록 디자인한다.

② 프로그램 북(Program book)

프로그램 북은 컨벤션 프로그램에 대한 상세한 정보가 수록된 책자로 참가자들은 반드시 프로그램 북을 숙지해야 적극적인 활용이 용이하다. 각종 프로그램에 대한 상세한 정보, 회의장 시설안내, 개최장소 주변의 정보 등을 수록하고 있으며, 현장 등록데스크에서 배포한다.

그림 8-9 컨벤션 프로그램 북(예)

③ 초청장(Invitation Card)

개 · 폐회식, 환영만찬 등 공식 및 사교행사는 컨벤션 참가자뿐만 아니라 주최측 내부 및 외부 인사들을 초청하기도 한다. 외부 인사에게는 초청장을 미리 발송하여 참석여부를 파악해야 한다.

2. 사인물 및 설치물

1) 제작계획 수립

컨벤션에서 필요한 각종 사인물과 설치물 들은 인쇄물과 동일하게 사전에 제작계획을 수립하고, 필요시기에 맞춰 제작해서 계획에 맞춰 현장에 설치한다.

컨벤션 관련 사인물과 설치물은 개최 전 제작물과 현장에서 필요한 사인물로 구분하여 계획을 수립한다. 특히 개최 전 외부 설치물은 관할 부처에 허가를 받아야 하므로 계획이 수립되면 허가작업을 병행하여 진행해야 한다. 인쇄물과 마찬가지로 컨벤션 로고 등을 활용하여 전체적으로 통일성을 두고 디자인하여 컨벤션에 대한 일관적인 이미지 확립에 도움이 되도록 한다.

[표 8-4] 컨벤션 사인물 및 설치물 제작계획(예)

제작물명		규격(cm)	제작사양	수량	설치장소	설치일	비고
건물외벽 현수막		2,000×1,500	IT천에 실사출력	1	위원회건물 외벽	9/2	
가로등 배너		60×180	IT천에 실사출력	20조	롯데호텔과 위원회 간 동선거리	9/9	
세로 배너		60×180	X-banner	1	3층 등록부스 옆	9/12밤	
회의장 현수막		720×120	IT천에 실사출력	1	APF/사파이어	9/13	
		640×120	IT천에 실사출력	1	ICC사전미팅/에메랄드	9/14	
		700×120	IT천에 실사출력	1	1분과회의/크리스탈1		
		700×120	〃	1	2분과회의/크리스탈2		
		640×120	〃	1	3분과회의/에메랄드	9/14밤	
		400×90	〃	1	4분과회의/어닉스1		
		400×90	〃	1	5분과회의/어닉스2		
VIP room 현수막		200×150	IT천에 실사출력	1	제이드룸(기자회견용)	9/13	추가
오/만찬	APF	640×120	IT천에 실사출력	1	에메랄드룸	9/13	추가
	국회의장	700×120	IT천에 실사출력	1	사파이어룸	9/16	추가

2) 사인물 및 설치물의 종류

(1) 사전 홍보용 설치물

컨벤션 개최 전에는 홍보의 목적으로 설치되는데 대부분 옥외 홍보물이다. 홍보탑, 육교간판, 가로등 배너, 안내판 등으로 기본계획 수립단계에서부터 행사개최 막바지까지 적절한 시기에 설치된다. 주최 측 공간이 아닌 공공장소에서의 설치는 관할부처의 허가를 취득하고 설치해야 한다.

그림 8-10 컨벤션 외부 설치물(예)

출처: 해당 컨벤션 결과보고서

(2) 현장 사인물 및 설치물

컨벤션 참가자는 행사장에 익숙하지 않기 때문에 효과적인 사인물의 배치는 참가자들에게 편의제공뿐만 아니라 인력이 담당할 부분을 대체해 주므로 인건비 절감에도 효율적이다. 특히 사인물은 기능적으로 정확한 안내가 될 수 있도록 디자인되어야 한다.

회의장 배너 등 현장 설치물들은 컨벤션을 홍보하는 역할도 있지만 행사장의 분위기를 고조시키는 데커레이션으로 활용되기도 한다.

현장 사인물에는 행사장배치도, 일정안내판, 회의실, 부대사무실 안내판, 행사 현수막 및 각종 방향표시판 등이 있다.

그림 8-11 컨벤션 현장 사인물 및 설치물(예)

출처: 해당 컨벤션 결과보고서

제 **9** 장

예산 및
재무 관리 기획

컨 · 벤 · 션 · 기 · 획 · 실 · 무

제 9 장 예산 및 재무 관리 기획

학습목표

컨벤션 재무관리의 중요성과 업무에 대하여 이해한다.
컨벤션 예산편성에 대하여 학습한다.
컨벤션 재무관리 분야별 업무절차에 대하여 학습한다.

제1절 컨벤션 재무관리

1. 컨벤션 재무관리의 이해

컨벤션 기획에 있어서 예산은 행사규모 및 진행방식의 절대적인 기준으로 작용한다. 예산은 중요한 기획도구이며, 예산에 있어서 가장 중요한 사항은 예산편성 및 집행과정에서 정확성을 기하는 데 있다(KLAFIR, 2006).

예산·재무분야 담당자의 업무는 기획단계에서는 예산편성과 예산확보이며, 준비단계에 들어서면 확보된 예산을 별도로 정한 회계규정에 따라 적절히 사용하도록 통제·관리하는 것이다. 성공적인 재무관리를 위한 첫 번째 단계는 컨벤션의 목표에 따라 재정목표를 결정하며, 이 목표는 예상 참가자들의 구성에 맞도록 선정되어야 한다. 참가자들의 경제적 능력과 프로그램 참여로 얻는 편익에 대해 기꺼이 지불할 정도의 금액을 고려한 예산책정이 이루어져야 한다.

1) 컨벤션 재무관리의 중요성

컨벤션에서 재무관리가 중요한 이유는 다음과 같다. 첫째, 기업이나 정부회의가 아닌 민간단체나 협회에서 주최하는 컨벤션은 자체 예산보다는 등록비, 전시참가비 및 후원금이 수입의 대부분을 차지하므로 기획단계에서 철저한 예산수립이 필요하다. 둘째, 컨벤션의 재정업무는 수입과 지출에 대한 적절한 통제와 관리가 필수적이다. 셋째, 일반적으로 컨벤션에서의 재정은 수익 추구보다 손익분기를 목표로 설정하지만, 회의상품을 판매하는 기업의 경우는 회의개최를 통해 수익을 창출해야 한다. 마지막으로 컨벤션의 경우 수입보다 지출이 우선 발생하므로 이에 대한 계획과 관리가 중요하다.

컨벤션 기획단계부터 준비, 개최 및 사후단계까지 전 과정에서 수입과 지출의 흐름도를 살펴보면 〈그림 9-1〉과 같다.

그림 9-1 **컨벤션 현금흐름도(Cash Flow)**

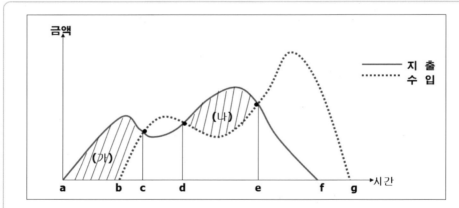

(가): 수입발생시기 -개최시점을 중심으로 그 이후 발생
(나): 지출이 수입을 초과하여 운영자금이 확보되어 있지 않은 경우 재정위기 직면 가능

출처: 이경모, 전게서

(a-b)까지의 (가)기간은 수입보다 지출이 먼저 발생하는 단계로 주최 측의 자금마련에 대한 대책이 필요한 시기이다. 즉 컨벤션 수입 중 큰 비중을 차지하는 등록비와 후원금 수입이 아직 발생하지 않는 시점으로 자기자본으로의 경비집행이 불가피한 기간이다. (d-e)시점인 (나)기간은 실행단계로 많은 지출이

발생하는 시기이므로, 지출이 수입보다 많아 운영자금이 확보되지 못하면 재정 위기를 맞을 가능성이 있다. 그러므로 컨벤션 전 과정을 통해 철저한 재무관리 가 중요하다.

2) 컨벤션 재무업무의 기본방향

컨벤션에서의 재무업무는 조직위원회 중 재무위원회와 실제 준비·운영을 담 당하는 사무국의 업무로 역할 분담이 이루어진다. 재무업무의 기본방향은 두 조직이 유기적으로 협력하여 효율적으로 예산을 운영하는 것이다. 궁극적으로 철저한 계획을 통한 예산집행으로 불필요한 예산 낭비를 방지하고, 적재적소에 맞는 예산운영으로 업무 생산성을 극대화하는 데 있다.

그림 9-2   컨벤션 재무업무 기본방향

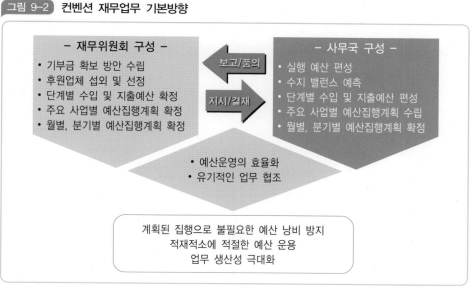

출처: 저자 작성

이 과정에서 재무위원회는 후원금 확보방안을 수립하고, 후원사를 섭외, 선정 하는 것이 주요 업무이다. 또한 사무국에서 수립한 단계별 수입 및 지출예산을 확정하고, 사업별, 월별, 분기별 예산집행계획을 확정하는 업무를 수행한다. 준비사무국(Secretariat)은 실행예산을 편성하고 수입과 지출에 대한 밸런스를 예측한다. 그리고 전체 예산을 근거로 단계별, 사업별, 기간별 예산 집행계획을 수립하는 것이 중요 업무이다.

2. 컨벤션 재무관리 업무

컨벤션에서 재정 · 재무관련 업무의 기본은 예산계획서를 작성하는 데 있다. 컨벤션의 예산은 표면상의 비용뿐만 아니라 보이지 않는 부분의 비용 발생을 감지할 수 있고 컨벤션 전반에 걸쳐 많은 경험과 노하우를 갖고 있는 기획가가 수립할 수 있는 작업이다. 다음으로 컨벤션 개최를 위한 자금조달계획을 수립해야 하며 후원금 관련 업무를 수행해야 한다. 컨벤션 준비단계부터 사후단계까지 자금의 수납 및 경비지출 관리업무, 물품조달계약 및 관리업무, 기타 재무 및 회계에 관한 제반 업무를 수행해야 한다. 컨벤션 개최 후 결산 보고서를 작성하는 것으로 업무를 마감할 수 있다.

1) 컨벤션 재무관리 과정

컨벤션 재무관리 과정은 〈그림 9-3〉과 같이 컨벤션 목표에 따른 예산을 편성하고, 수입 및 지출관리를 통해 현금흐름을 관리하고, 회계업무를 진행하게 된다. 컨벤션 개최 후 최종적으로 손익을 계산하고 결산보고서를 작성한다.

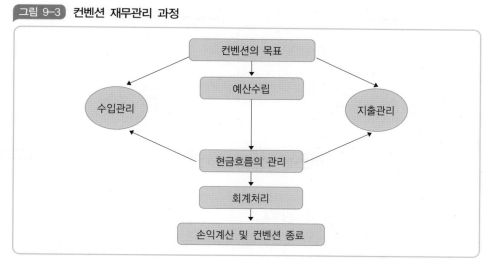

그림 9-3　컨벤션 재무관리 과정

출처: 저자 작성

2) 컨벤션 재무관리 세부업무

컨벤션 재무관리는 [표 9-1]과 같이 크게 예산관리업무와 후원사 확보 및 관리업무로 나눌 수 있다.

[표 9-1] 컨벤션 재무관리

업무내용	업무절차	
예산관리	예산 편성	• 예산안 작성 및 협의
		• 예산 확정
	예산 집행	• 예산 집행계획 수립
		• 행사용 통장 개설
		• 입출금 관리
	예산 결산	• 입출금 내역 정리
		• 계약관련 업체와 정산
		• 결산보고서 작성
후원단체 확보 및 관리	후원요청 서류 작성 및 발송	• 후원프로그램 안내서 및 공문 작성
		• 후원요청 대상 선정

	• 후원안내서 및 공문 발송
후원단체 선정 및 계약	• 후원단체 선정
	• 후원조건에 대한 협의 및 계약
후원금 관리	• 후원금 입금 요청서 발송
	• 후원금 입금 확인
	• 입금 확인 영수증 발급

출처: 지방공무원을 위한 국제회의 · 이벤트편람(2006)을 토대로 저자 재구성

3. 후원단체 및 후원사 관리

후원사 및 후원단체를 확보하는 것은 컨벤션을 준비하는 단계에서 사전에 섭외하는 것이 일반적이며, 적절한 후원단체의 확보는 수입의 증대, 예산의 효율성뿐만 아니라, 컨벤션의 질 향상에도 도움이 된다.

1) 후원사 섭외 및 선정

(1) 후원 프로그램 안내서 제작 및 공문 작성

컨벤션 개최목적 및 파급효과, 전차 대회의 성과 및 영향력을 소개하고, 회의 후원 프로그램을 소개하는 안내서와 후원을 요청하는 주최 측의 공문을 작성한다.

(2) 후원요청 대상 선정 및 안내서/공문 발송

해당 기구(단체) 및 조직위원회와 협의하여 컨벤션의 후원을 요청할 대상들을 선정한다. 선정된 대상들에게 후원 프로그램 안내서 및 후원요청 공문을 발송한다.

(3) 후원의 밤 개최

대규모 컨벤션의 경우, 잠재적으로 후원 가능한 단체나 기업을 대상으로 '후

원의 밤'을 개최하기도 한다. 단순히 공문과 안내서 발송에 그치는 것이 아니라 적극적으로 후원사 확보를 위한 마케팅 활동의 일환으로 진행한다. 주요 단체나 기업의 대표를 초청하여 컨벤션에 대한 안내와 기업의 참여로 인한 편익에 대한 부분을 강조하여 후원을 유도하는 것이다.

(4) 후원단체 선정

섭외단계를 거쳐 조직위원회와 협의하여 후원요청의사를 밝힌 단체나 기업을 검토하고 컨벤션 후원사를 선정한다.

(5) 후원조건에 대한 협의 및 계약

선정된 단체나 기업과 후원금액(혹은 현물), 시기, 홍보매체, 노출 빈도, 제공 사항 등과 같은 세부사항에 대해 협의하고, 약정이나 계약을 체결한다.

2) 후원금 관리 및 제공사항 진행

(1) 후원금입금요청서 발송

후원기관으로 선정된 기업과 단체에 후원금입금요청 공문을 발송한다.

(2) 후원금 입금 확인 및 영수증 발급

후원단체의 총 후원금액 및 입금날짜를 확인한다. 입금이 확인되지 않은 단체와는 재연락을 취한다. 입금확인 후 후원단체별로 입금 금액에 대한 영수증을 발급한다.

(3) 후원에 대한 혜택 및 제공사항 진행

후원사의 요청에 따라 광고, 전시부스 제공 등 후원사에 대한 혜택을 제공한다.

제2절 예산관리

컨벤션 예산관리를 효율적으로 하는 데 있어 예산 수립은 매우 중요한 업무이다. 예산 설정의 중요한 요인은 수입과 지출의 정확한 산출에 있다. 이를 위해 컨벤션 규모의 파악과 회의장 선정은 매우 중요한 작업이다. 컨벤션 참가인원, 회의형태, 행사 장소에 따라 컨벤션 준비 순서 및 예산이 달라질 수 있기 때문이다.

1. 컨벤션 예산편성

1) 예산편성 시 기본방향

컨벤션 예산을 계획할 때, 예상 참가자 수를 예측하고 행사 관련 수입 및 지출을 파악해야 하는데, [표 9-2]와 같은 정보를 수집하면 예산계획 수립이 용이해진다.

[표 9-2] 컨벤션 예산편성 시 필요한 정보

• 전차 대회나 유사 행사의 재정보고서	• 연사 인원 수와 연사 관련 예상 지출비용
• 재정 목표	• 등록비 수입
• 회의 일정 및 프로그램	• 적정한 선에서의 예상 등록비 및 전시 참가비
• 회의 개최지 및 장소	• 예상되는 후원금액
• 예상 참가 인원	• 경제상황
• 주요 지출 목록	
• 마케팅 요구사항	
• 식음료 형태와 부대행사	

행사준비 중 예기치 못한 지출이 발생할 수 있으므로 이런 경우에 대비하여, 예산에 어느 정도의 유연성을 두는 것이 필요하다. 즉 전체 예산의 5~10% 정도

에 해당하는 돈을 예비비로 책정하여, 프로그램의 변동, 예기치 못한 사고의 발생, 갑작스런 물가의 폭등, 환율의 변동 및 기타 응급상황에 대처할 수 있도록 한다.

또한 예산편성 시, "예상지출의 과소상정 및 예상수입의 과대상정"은 반드시 피해야 한다. 즉 예상되는 지출을 너무 적게 혹은 빡빡하게 편성하면 프로그램의 변경 및 기타 예상치 못한 지출 발생 시 관리상의 문제와 추가 예산 산정에 어려움을 겪을 수 있다. 반대로 예상과 달리 등록자의 감소와 후원사의 축소로 실제 수입이 줄어들 수 있으므로 예상수입을 너무 과하게 산정하지 않도록 유의해야 한다. 오히려 '예상지출의 과대상정 및 예상수입의 과소상정'이 합리적인 재무관리를 위해서는 바람직하다.

컨벤션 예산에 영향을 미치는 요인은 내적 요인과 외적 요인으로 나눌 수 있다. 먼저 내적인 요인은 주최기관이나 컨벤션 자체의 요인으로, 지출과 관련되어 수행되는 업무의 내용과 필요성에 따라 영향을 받게 된다. 업무별 예상되는 비용과 업무 간의 우선순위뿐만 아니라 업무로 인해 얻는 편익과 수익도 영향을 미치게 된다. 또한 지출을 관리하고 통제하는 방법에 의해서도 변동가능하다.

그림 9-4 컨벤션 예산에 미치는 영향요인

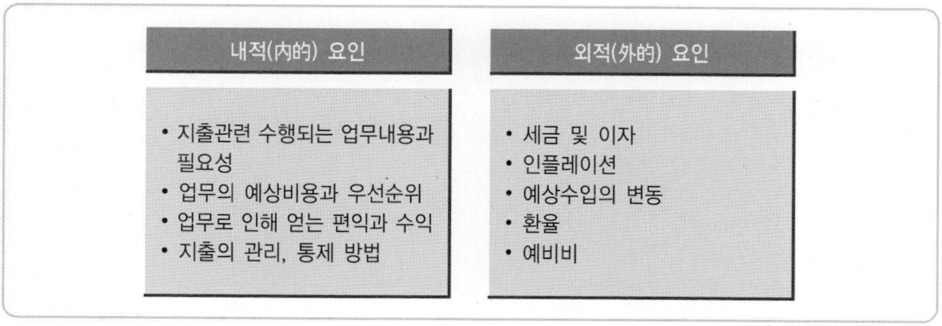

내적(內的) 요인	외적(外的) 요인
• 지출관련 수행되는 업무내용과 필요성 • 업무의 예상비용과 우선순위 • 업무로 인해 얻는 편익과 수익 • 지출의 관리, 통제 방법	• 세금 및 이자 • 인플레이션 • 예상수입의 변동 • 환율 • 예비비

출처: 저자 작성

반면 대표적인 외적 요인으로는 등록비 및 후원금 등 예상수입의 변동을 들 수 있다. 또한 환율의 변동, 인플레이션, 세금 및 이자 등에 의해서도 영향을 받게 된다. 예를 들어 등록비가 400불로 책정된 컨벤션의 경우, 환율이 오르게 되면 등록비 수입이 증가하고 환율이 낮아지면 등록비 수입이 감소되는 경우가 있다.

2) 예산안 작성 및 확정

성공적인 예산관리를 위해서는 우선 컨벤션의 재정목표를 확인한다. 수익을 얻고자 한다면, 어느 정도의 수익을 목표로 하는지 미리 고려해야 하며, 예산안을 작성할 때에는 자기자본금, 지원금, 등록비, 광고료, 전시장 임대료 등을 토대로 편성한다.

수입예산의 결정에서도 회의의 재정적인 목표가 고려되어야 하며, 수입예산이 수립되기 전 이윤이 어디서 창출되는가를 결정하는 것이 중요하며, 유사 항목별로 수입예산안을 작성한다. 지출예산의 경우는 업무별로 발생되는 지출항목을 분석한 후, 유사항목별로 세분화하여 지출 예산안을 작성한다. 각 부분별로 작성된 예산에 대해 조직위원회와 협의 및 수정 후 확정한다.

그림 9-5 **컨벤션 수입 및 지출항목**

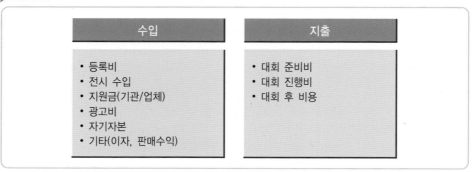

수입	지출
• 등록비 • 전시 수입 • 지원금(기관/업체) • 광고비 • 자기자본 • 기타(이자, 판매수익)	• 대회 준비비 • 대회 진행비 • 대회 후 비용

출처: 저자 작성

(1) 수입항목

컨벤션 예산에서 수입부분은 크게 등록비, 전시수입, 후원금 및 기타 항목으로 구분할 수 있다.

등록비(Registration fee) 수입은 정부나 기업회의에서는 발생하지 않고 주로 민간단체나 협회에서 주최하는 컨벤션에서 중요 수입원이 된다. 그래서 주최기관이나 단체는 행사규모뿐만 아니라 수입의 증대를 위해서라도 참가독려를 위한 마케팅 활동을 적극적으로 펼쳐야 한다. 등록비는 주최 측이 유사 컨벤션의 등록비와 예산한도에 따라 상한선을 책정하게 되며, 참가자의 자격(전문가, 학생, 동반자 등)에 따라 차등 책정해야 한다.

전시 수익은 등록비와 같이 중요한 수입원으로, 컨벤션 주체와 관련있는 기관이나 기업의 참여로 발생되며 전시회를 이용하면 단체나 기업의 홍보에 좋은 기회가 될 수 있다. 전시관련 수익은 전시참가비와 기타 부대수익(전기, 인터넷 등)으로 구성된다. 지원금은 정부나 학술단체 등에서 제공되는 수익이며, 기업체는 순수한 후원금보다는 후원사의 광고비 및 전시회 참가 등의 비용으로 제공되는 경우가 일반적이다. 그러므로 단순 기부가 아닌 스폰서십의 개념으로 후원사 마케팅 활동의 일부로 접근하게 된다.

기금이나 정부의 지원을 받을 수 있는지에 대한 자세한 검토가 필요하며, 예산 편성 시 반영될 수 있도록 1년 전에 섭외와 신청을 해야 한다. 이는 예산 확보 준비업무 중 가장 중요한 행정업무이기도 하다. 기타 수익으로 자기자본금, 예금이자, 본부 지원금, 판매대금(기념품, 논문집 등) 등이 있다.

(2) 지출항목

컨벤션에서의 지출항목은 매우 다양한데, 크게 고정비용, 가변비용 및 간접비용으로 분류할 수 있다.

[표 9-3] 고정비용과 가변비용

고정비용(fixed cost)	가변비용(variable cost)
• 회의장, 전시장 임차료 • 회의장 장치비(Sign Board, Banner 등) • 홍보비(Brochure, Announcement, Poster, 광고 등) • 기자재 임차료(Audio-Visual Aids) • 초청연사 지원비(Air Fare, Lodging, Honorarium) • 동시통역비 및 번역비 • 도서인쇄비(Program, Proceedings, 초청장, Name Tag 등) • Reception 등의 여흥 프로그램비(부분적 가변비용) • 수송비(부분적 가변비용) • 제 회의비 • 사무국 운영비 • PCO 대행비	• 주문제작비 • 식음료비(Banquet, F/B) • Coffee Break(횟수 조정 가능) • 수교물(가방, 기념품, 문구류 등) • 수송비 • 관광(Technical Visit 등) • 현장 인건비

출처: 저자 작성

　고정비용(fixed cost)은 회의장 임대료, 통·번역비, 연사 초청경비, 행사 보험료, 기자재 대여비, 장치비 및 마케팅비 등 참가자의 수에 따라 영향을 별로 받지 않고 고정적으로 발생하는 항목이다. 반면에 가변비용(variable cost)은 식음료비, 비품비, 관광비 및 기념품비 등 참가자 수에 따라 변동 폭이 큰 항목들이다. 그리고 간접비용은 컨벤션 프로그램과 직접적인 관련은 없지만, 인건비나 관리 보수비처럼 간접적으로 쓰이게 되는 비용을 의미한다.

　컨벤션 지출예산에 대한 자세한 항목 및 세부사항은 [표 9-4]와 같다. 컨벤션에 직접적으로 소요되는 비용과 행사 준비 및 인건비 등은 간접비로 나눌 수 있다.

[표 9-4] 컨벤션 예산항목 및 내용

항목	정의	세부항목
초청경비	초청자에게 지원해 주는 비용으로, 지원항목 및 지원 정도는 주최 측에 의해 결정	항공료, 강연료, 숙박비, 식비, 체재비 등
행사장 임차비	컨벤션 개최를 위해 임차되는 공간의 사용료로 지불하는 비용	등록장소, 회의장, 전시장, 연회장 및 각종 부대장소 (사무국, 인터넷라운지 등)의 임차비
장치 임차비	컨벤션 진행에 필요한 각종 기자재 및 가구/비품을 임차하는 대가로 지불하는 비용	각종 OA기구, PC 주변기기, A/V장비 등 기자재 및 가구/비품의 임차비
차량 임차비	행사기간 동안 공항과 호텔 간, 행사장과 호텔 간 셔틀버스를 운영하거나 VIP 의전을 할 경우, 의전차량을 임차하는 비용	전세버스 및 의전차량 임차비
인쇄/제작비	공식 로고와 인쇄물의 디자인 및 인쇄비용으로 지불하는 비용과 각종 제작물의 주문제작 비용	디자인비, 인쇄비, 제작비
홍보비	유사대회 참석을 위한 경비와 홍보물 발송 등을 위해 지불하는 비용	사전 해외 홍보비, 언론매체 홍보비, 홍보물 발송비
행사 및 식음료비	공식 및 사교행사 개최 시 발생되는 비용으로, 행사별 식음료 및 무대제작, 공연팀 섭외를 위해 지불하는 비용	식사비, 음료비, 공연비, 무대장치비, 시스템비 등
관광프로그램 진행비	관광버스 임차, 가이드, 기사비용, 도시락 등 관광프로그램 진행을 위해 지불하는 비용	답사비, 관광프로그램 진행경비(차량임차, 가이드, 중식, 각종 입장료 등)
IT 관련비	행사 홈페이지 구축 및 운영과 등록 및 논문접수 프로그램 등을 위해 지불하는 비용	홈페이지 제작 및 유지관리비, 등록, 초록, 논문접수프로그램 구축 및 운영비 등
통·번역비	각종 제작물, 문서의 영문 번역 및 감수 비용과 동시통역사 인건비, 동시통역부스 및 기자재 임차비용	동시통역 장비비, 통역사 인건비, 번역비
조직위원회 운영비	조직위원회 회의 개최를 위한 자료 준비비와 조직위원들의 교통비를 포함하는 비용	회의 준비 및 개최비, 교통비, 출장비 등
기타 비용	온라인 등록을 위한 전자카드 시스템 이용 시 발생하는 비용	신용카드 수수료, 예비비 등

전담인력 인건비	컨벤션 수년~수개월 전 사전 기획단계부터 사후 업무단계까지 투입되는 인력에게 지급되는 급여(기준급여에 업무 투입률과 투입기간을 고려하여 계산함)	
현장인력 인건비	행사 개최기간 동안 행사현장에 투입되는 단기행사요원에게 지불되는 급여 (기준 급여에 투입기간을 고려하여 계산)	등록요원, 학술요원, 전시요원, 사무국요원, 관광요원, 영접요원 등의 인건비
일반 관리비	사무용 소모품비, 전화통신비, 교통비, 사무실 임대료 등을 위해 소요되는 비용	
기업이윤	PCO의 기획비용에 대한 순수대가를 의미	
부가가치세	모든 항목의 합의 10%로 계산함	

출처: 컨벤션기획사양성교육과정(2006, 동국대)

(3) 예산계획서 사례

컨벤션의 성격 및 규모에 따라 예산항목들이 다양하므로, 본서에서는 대규모 학술대회의 예산서를 사례로 제시한다.

① 총괄표(예)

가. 수입세부내역		나. 지출세부내역	
1. 등록비	1,249,200,000	1. 초청비	354,222,500
2. 정부/기관 지원금	600,000,000	2. 도서인쇄비	406,300,000
3. 일반지원금	830,000,000	3. 주문 제작비	52,350,000
4. 연회행사 판매비	21,600,000	4. 사교행사비	526,533,500
5. 기타	399,200,000	5. 인건비	152,410,000
		6. 수송관광비	69,250,000
		7. 홍보비	117,100,000
		8. 임차비	774,660,000
		9. 통신비	153,200,000
		10. 제회의비	34,500,000

		11. 사무국 운영비	47,500,000
		12. 예비비	53,760,520
		13. 용역비	329,014,382
		14. 잉여금	29,199,098
수입 합계	3,100,000,000	지출 합계	3,100,000,000

② 수입 세부내역(예)

항 목	내 역	단 가	수 량	일/회 /종	SVC/ 환율	금 액
수입세부내역						3,100,000,000
1. 등록비	일반회원					
	– 3개 회의 등록	$750	300명		1,200	270,000,000
	– 2개 회의 등록	$550	300명		1,200	198,000,000
	– 1개 회의 등록	$300	1,500명		1,200	540,000,000
	학생회원					
	– 3개 회의 등록	$360	200명		1,200	86,400,000
	– 2개 회의 등록	$270	200명		1,200	64,800,000
	– 1개 회의 등록	$150	500명		1,200	90,000,000
소 계			3,000			1,249,200,000
2. 정부/ 기관 지원금	0000					500,000,000
	+++					100,000,000
소 계						600,000,000
3. 일반 지원금	○○○○재단					20,000,000
	□□□재단					10,000,000
	KTO					10,000,000
	○○○기업					20,000,000
	sss 단체					20,000,000
	관련기관 및 업체					750,000,000
소 계						830,000,000

4. 연회행사 판매비	Award Banquet	$30	200명	3회	1,200	21,600,000
소 계						21,600,000
5. 기타	2차 안내서 광고비	200,000,000원			0.95	190,000,000
	기타 광고비					209,200,000
소 계						399,200,000

③ 지출 세부내역(예)

항 목	내 역	단 가	수 량	일/회/종	SVC/환율	금 액
지출세부내역						3,100,000,000
1. 초청비	외국 초청연사					
	– 항공료	$1,500	55명		1,200	99,000,000
	– 체재비	190,000원	55명	5일	1.21	63,222,500
	– 강연료	$2,000	55명		1,200	132,000,000
	국내 초청연사					
	– 강연료	1,000,000원	10명			10,000,000
	우수학생 초청비					
	– 항공료 및 체재비 일부지원	1,000,000원	50명			50,000,000
소 계						354,222,500
2. 도서인쇄비	앰블럼 디자인비					20,000,000
	Letter지	10,000원	100권			2,000,000
	소봉투	25원	100,000개			2,500,000
	대봉투	40원	75,000개			3,000,000
	포스터		9,000부	4종		16,000,000
	1차 안내서		18,000부			8,000,000
	2차 안내서		90,000부	2종		100,000,000
	학생 안내서					20,000,000
	소형 안내서			3종		25,000,000
	예비프로그램 북	2,000원	20,000부			40,000,000

프로그램 북	2,000원	4,000부			8,000,000
발표자료집	10,000원	4,000부			40,000,000
Portfolio Book	20,000원	1,000부	3종		60,000,000
Award Portfolio	20,000원	1,000부	2종		40,000,000
디렉토리	3,000원	5,000부			15,000,000
후원안내서	20,000원	200부			4,000,000
초청장	500원	1,000매	6종		3,000,000
입장권	100원	10,000매			1,000,000
명찰내지	300,000원	3회	4종		1,200,000
참가자리스트	800원	3,500부			2,800,000
메모지	1,000원	4,000부			4,000,000
각종 쿠폰	60원	3,000개	10종		1,800,000
기타 인쇄물(명함 등)	5,000,000원				5,000,000
결과보고서	20,000원	200부			4,000,000
소 계					**406,300,000**
3. 주문 제작비 참가자용 가방	10,000원	3,500개			35,000,000
감사패(후원기관)	100,000원	20개			2,000,000
공항사인보드	200,000원	6개			1,200,000
공항안내 현수막	200,000원	2개			400,000
행사장 입구 현판	1,500,000원	1개			1,500,000
주행사장 실내 현판	1,000,000원	1개			1,000,000
Floor Plan	1,000,000원	3식			3,000,000
행사장 내부 유도사인	300,000원	10개			3,000,000
등록 Desk 설치비	2,000,000원	1식			2,000,000
Staff 유니폼	10,000원	150벌			1,500,000
논문제목 Slide	1,500원	500개			750,000
육교현판		5개			협찬
홍보탑		3개			협찬
각 회의장 사인보드	50,000원	20개			1,000,000
소 계					**52,350,000**

4. 사교행사비						**73,000,000**
(1) 개회식	기본무대(Back Drop)	8,000,000원	1식	1회		8,000,000
	음향시스템(행사기간 중)	20,000,000원	1식	1회		20,000,000
	멀티큐브(4 X 4 X 2Set)	20,000,000원	1식	1회		20,000,000
	ENG카메라 및 중계시스템	20,000,000원	1식	1회		20,000,000
	음향 S/W	2,000,000원	1식	1회		2,000,000
	행사장 POP물 및 장식물	1,000,000원	3개	1회		3,000,000
(2) 환영리셉션 (3회)						**142,696,000**
	음식	20,000원	600명	3회	1.21	43,560,000
	주류 및 음료	6,000원	600잔	6회	1.21	26,136,000
	꽃장식	1,000,000원	1식	3회		3,000,000
	아이스카빙	무료	1개	3회		무료
	기본무대	10,000,000원	1식	1회		10,000,000
	음향시스템					기존시설 이용
	영상 H/W(멀티큐브 4X4)					기존시설 이용
	특수효과장치	3,000,000원	1식	3회		9,000,000
	조명	3,000,000원	1식	3회		9,000,000
	Laser(3D)	2,000,000원	1식	3회		6,000,000
	여흥프로그램					
	－ 000예술단	5,000,000원	1회	3회		15,000,000
	－ Jazz	7,000,000원	1회	3회		21,000,000
(3) Cultural Entertainment (3회)						**155,230,000**
	음식	30,000원	500명	3회	1.21	54,450,000
	주류 및 음료	6,000원	500잔	6회	1.21	21,780,000
	꽃장식	1,000,000원	1식	3회		3,000,000
	아이스카빙	무료	1개	3회		무료
	기본무대(Back Drop, 바닥, Wing 설치)	10,000,000원	1식	1회		10,000,000
	음향시스템					기존시설 이용
	영상 H/W(멀티큐브)					기존시설 이용

특수효과	3,000,000원	1식	3회		9,000,000
조명	3,000,000원	1식	3회		9,000,000
여흥 프로그램					
- 공식사회자	2,500,000원	1명	3회		7,500,000
- 국악 반주단	5,000,000원	1회	3회		15,000,000
- 국악 연주자	1,500,000원	1회	3회		4,500,000
- 전통무용	7,000,000원	1회	3회		21,000,000
(4) 만찬(3회)					**88,837,500**
음식	35,000원	300명	3	1.21	38,115,000
주류 및 음료	25,000원	30병	3	1.21	2,722,500
꽃장식	1,000,000원	1식	3		3,000,000
아이스카빙	무료	1개	3		무료
기본무대	무료	식			환영만찬 대체
음향시스템		식			"
영상 H/W		식			"
특수효과	2,000,000원	1식	3회		6,000,000
조명		식			환영만찬 대체
Laser(3D)		식			"
여흥 프로그램					
- 000 밴드	5,000,000원	1회	3		15,000,000
- 0000 합창단	5,000,000원	1회	3		15,000,000
- 성악	3,000,000원	1회	3		9,000,000
(5) Coffee Break					**66,770,000**
Coffee(대회)	3,000원	700명	28	1.1	64,680,000
VIP 음료	5,000원	20명	14	1.1	1,540,000
Press Room	5,000원	20명	5	1.1	550,000
소 계					**526,533,500**

5. 인건비						**102,010,000**
(1) 행사전문 요원	회의진행요원	50,000원	25명	15일		18,750,000
	Preview Room	50,000원	8명	15일		6,000,000
	등록요원	80,000원	20명	14일		22,400,000
	공항영접요원	50,000원	28명	10일	2교대	14,000,000
	안내요원 / VIP Room	120,000원	7명	14일		11,760,000
	사무국 요원	50,000원	10명	20일		10,000,000
	경비용역	50,000원	6명	17일		5,100,000
	전시회 안내요원	100,000원	10명	14일		14,000,000
(2) 동시통역사						50,400,000
	대회 통역	600,000원	6명	14일		50,400,000
소 계						**152,410,000**
6. 수송관광비						6,250,000
(1) 수송	공항영접, 영송					KAL 리무진 활용
	VIP 영접	250,000원	5명	5일		6,250,000
(2) 셔틀버스						63,000,000
	COEX ⇔ 투숙호텔	450,000원	10대	14일		63,000,000
소 계						**69,250,000**
7. 홍보비	사진 촬영	400,000원		14일		5,600,000
	기자간담회	200,000원	10명	4회		8,000,000
	해외홍보 출장비	3,000,000원	3명	6회		54,000,000
	일간지 광고	3,500,000원	3종	1회		10,500,000
	Home Page 운영비	1,000,000원	1원	14개월		14,000,000
	인터넷 생중계	1,000,000원	1식	14일		14,000,000
	데이터 수집	5,000,000원	1식			5,000,000
	터치스크린	원	식			협찬
	인터넷 라운지	3,000,000원	2식			6,000,000
소 계						**117,100,000**

8. 임차비						660,000,000
(1) 행사장 임차비	회의장	150,000,000원		15일	1.10	165,000,000
	전시장	430,000,000원		18일	1.10	473,000,000
	부대사무실	20,000,000원		20일	1.10	22,000,000
(2) 기자재 임차비						114,660,000
	Beam Projector	600,000원	1대	14일		8,400,000
	LCD Projector	300,000원	8대	14일		33,600,000
	SLP	30,000원	20대	14일		8,400,000
	OHP	30,000원	10대	14일		4,200,000
	Tray	2,000원	200대	14일		5,600,000
	포인터	10,000원	10개	14일		1,400,000
	컴퓨터/프린터	200,000원	15Sets	1회		3,000,000
	복사기	700,000원	3대	1회		2,100,000
	FAX	120,000원	3대	1회		360,000
	무전기	20,000원	20대	14일		5,600,000
	동시통역장비	1,000,000원	1식	14일		14,000,000
	동시통역 수신기	2,000원	1,000개	14일		28,000,000
소 계						774,660,000
9. 전시장치비	전시장 설치비	2,000,000원	20부스			40,000,000
	파이텍스 설치	5,000원	1,500㎡			7,500,000
	전력 간선비	20,000원	1,000㎾			20,000,000
	입구 아치(안내데스크 포함)	2,000,000원	1개			2,000,000
	상황판	2,000,000원	1개			2,000,000
	옥외배너	1,300,000원	1개			1,300,000
	옥내배너	170,000원	20개			3,400,000
	팡파르 배너	50,000원	20개			1,000,000
	개막식 준비물	800,000원	1식	1일		800,000
	보세구역 설영비	100,000원	3회			300,000
소 계						78,300,000

10. 통신비	전화요금	300,000원		14개월	4,200,000
	Fax 요금	500,000원		14개월	7,000,000
	우편료(2차 안내서)	100,000,000원			100,000,000
	우편료(기타)	3,000,000원		14개월	42,000,000
소 계					153,200,000
11. 제 회의비	자문위원회	50,000원	30명	5회	7,500,000
	준비위원회	70,000원	20명	15회	21,000,000
	실무위원회	30,000원	10명	20회	6,000,000
소 계					34,500,000
12. 사무국 운영비					16,100,000
(1) 대회준비비	사무용품비	400,000원		14개월	5,600,000
	교통비/운영비	500,000원		14개월	7,000,000
	아르바이트	35,000원	10명	10회	3,500,000
(2) 현장진행비					31,400,000
	요원식대	10,000원	150명	14일	21,000,000
	진행경비	500,000원	일	20일	10,000,000
	단기전화	20,000원	20대		400,000
소 계					47,500,000
총 계					2,688,026,000
13. 예비비	총지출의 2%	2,688,026,000		2.0%	53,760,520
소 계					53,760,520
총 계					2,741,786,520
14. 용역비	총지출의 12%	2,741,786,520		12%	329,014,382
소 계					329,014,382
총 계					3,070,800,902
15. 잉여금	잉여금				29,199,098
소 계					29,199,098
총 계					3,100,000,000

출처: 저자 작성

2. 예산집행과정

1) 예산집행

(1) 예산집행계획 수립

수입관리(입금확인 및 입금내역 보고 등), 출금관리(지출결의서 작성, 조직위원회의 승인, 예산집행 등)에 관한 절차, 담당자, 결재승인절차 등에 대해 조직위원회와 협의한다. 예를 들어, '사무국/재무담당/사무총장/조직위원장' 순으로 하되, 결재될 사안들에 따라 '사무총장 또는 조직위원장 전결로 함'과 같은 결재라인을 협의한다.

(2) 행사용 통장 개설

행사 전용통장을 개설하여 예산을 관리할 경우, 행사명으로 된 통장을 개설한다. 계좌 개설의 목적은 국내외 등록비 수납, 전시 참가비 수납, 협찬 및 후원금 수납 등이다. 통장 개설 시 필요서류로는 사업자등록증(또는 고유번호증), 법인인감증명서, 법인인감도장 등이 있다.

(3) 입출금 관리

정기적으로 입출금 내역을 확인하며, 조직위원회에 보고한다. 행사준비 및 현장운영과정에서 지출내역 관리는 조직 내 1인에게 위임하여 철저한 자금관리가 가능하도록 한다. 컨벤션 운영기간 동안에는 하루 일정이 끝나면 조직의 행사전용통장 계좌를 체크해 보고, 자금 관리자의 동의나 인증이 없는 자의적인 현금 인출이 있었는지 확인해야 한다. 특히 등록업무를 담당한 요원들은 사전에 등록절차 및 현금 관리법에 대한 교육을 철저히 받아야 하며, 행사기간 중에는 등록현황 및 등록비 접수현황 서식을 매일 기록하도록 한다.

2) 예산 결산

컨벤션 종료 후, 재무분석을 통해 행사 전반에 대한 평가가 가능하고 차기 행사를 위한 결론과 지침을 도출할 수 있다. 예산 결산을 위해서, 첫째, 처음에 수립한 예산계획과 실제 수입 및 지출 내역의 비교를 통해 흑자 부분과 적자 부분에 대하여 파악해야 한다. 둘째, 예산계획과 실제 사용 내역 간 차이 발생의 원인을 분석해야 하며, 가능하면 해결방안도 함께 도출해야 한다. 마지막으로 필요할 경우, 차기 행사를 위해 재무정책이나 절차의 수정을 요청하기도 한다.

(1) 입출금내역 정리

모든 입금내역 및 지출내역에 대해 날짜 및 금액을 정리하고, 지출내역에 대한 영수증을 정리한다.

(2) 계약 관련 업체와 정산

컨벤션 준비부터 종료과정까지 발생되는 각 관계자 및 협력사의 미지급금에 관해 차후 문제가 발생되지 않도록 마무리해야 한다. 각 업무별 책임자를 통해 최종 보고에서 변경된 부분을 전체적으로 확인하고, 차후 누락된 미지급 항목 부분이 없도록 신속하게 정산 처리한다.

(3) 결산보고서 작성

컨벤션 종료 후 회의 수입과 지출에 대해 정리하여 재무제표와 결산보고서를 작성한다. 이때 등록비 수입, 전시관련 수입, 관련행사 수입, 물품판매 수입, 광고료 수입 등의 총수입을 정리하고, 컨벤션 개최 준비단계에서 행사종료 후 조직위원회가 해체되기까지의 지출된 내역과 추후 발생할 지출내역에 대하여 정확하게 정산한다. 결산보고서가 완성되면 조직위원회가 선정한 감사에 의해 회계감사를 시행하며, 감사결과를 해산회의에서 공지함으로써 전체 재무업무가 종료된다.

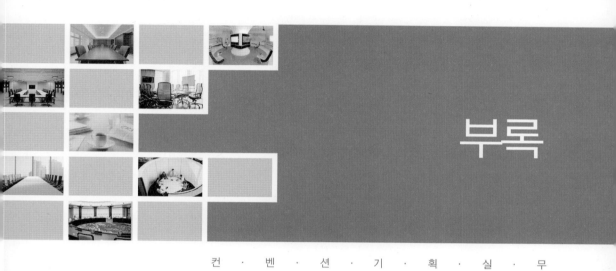

부록

컨 · 벤 · 션 · 기 · 획 · 실 · 무

부록 1. 컨벤션 용어

1. 컨벤션 일반용어

○ addendum: 각종 계약을 체결한 후 계약내용의 변동이 있을 것에 대비해 계약할 당시 추가로 서명할 조항을 별도로 마련하는 것

○ ad-hoc committee: 특별위원회

○ announcement: 안내서. 행사에 대한 각종 정보를 수록(1st/2nd/3rd)

○ application form: 신청서

○ bid document: 인준서류

○ circular: 행사 진행상황에 따라 발송되는 회의안내책자(1st/2nd/3rd. 유의어: announcement)

○ coffee break: 회의 중 휴식시간으로 주최 측에서 커피나 음료를 제공한다.

○ convention and visitors bureau(CVB): 컨벤션전담기구. 한 도시 혹은 지역을 대표하여 그 지역을 방문하는 순수 목적 혹은 겸목적 관광객들에게 관련 서비스를 제공하고 지역을 마케팅하는 포괄적인 업무를 수행하는 비영리조직

○ facility: 컨벤션 관련 시설. 컨벤션센터, 호텔, 각종 편의시설 등

○ familiarization(FAM) trip: 항공사나 여행업체, 지방자치단체, 기타 공급업자들이 자사의 관광상품이나 특정 관광지를 홍보하기 위하여 여행사 또는 관련업자들, 유관인사들을 초청하여 관광하는 것

○ fixed cost: 고정비용. 컨벤션 예산항목 중 참가자의 변동에 크게 영향을 받

지 않는 일정한 비용

○ function room: 회의장 혹은 행사장을 칭함

○ headquarters hotel: 컨벤션 주최사무국이 있는 본부호텔

○ itinerary: 일정(여행 혹은 관광)

○ protocol: 의전. 외교의식, 예절 등을 다루는 규정이나 관습

○ secretary-general: 사무총장(executive director)

○ setup: 회의장 및 행사장 준비

○ site inspection: 회의장 사전답사. 행사장소를 선정하기 전에 후보지를 직접 방문하여 선정가능여부를 파악하는 활동

○ site selection: 컨벤션 시설 및 서비스 등 다양한 요인들을 점검하여 개최장소를 선정하는 업무

○ signage: 컨벤션 개최장소에 설치하는 안내판. 참가자들이 행사장을 쉽게 찾을 수 있게 도와주는 서비스

○ variable cost: 변동비용. 컨벤션의 예산항목 중 참가자 수의 변동에 따라 크게 변화하는 비용

○ venue: 회의개최지 혹은 개최장소

○ video conference: 화상회의. 원거리의 서로 다른 지역 간에 통신회선을 이용하여 회의참가자가 화면을 통해 서로 얼굴을 보면서 진행하는 형태의 회의(유의어: teleconference)

2. 등록 및 숙박관련 용어

○ acknowledgment: 참가 신청서 혹은 논문제출자들의 요청서를 받았을 때 사무국에서 접수되었음을 확인해 주는 작업

○ accompanying person: 참가자와 함께 컨벤션에 참가하는 동반자. 회의는 참석하지 않고 사교행사, 관광에 참가하며 배우자들이 대부분이다.

○ amenity: 고객의 편의를 꾀하고 격조 높은 서비스 제공을 위해 객실 등 호텔에 무료로 준비해 놓은 각종 소모품 및 서비스용품

○ book: 호텔이나 항공을 예약하는 업무

○ overbooking: 초과예약. 만원임에도 불구하고 취소가 있을 것을 예상하고 그 이상의 예약을 접수하거나 판매하는 것

○ blocked room: 특정 컨벤션이나 행사를 위해 사전에 일정량의 객실을 지정해 놓는 것

○ cancellation policy: 등록이나 호텔예약 취소 시의 정책

○ complimentary room: 무료로 제공되는 객실

○ confirmation: 참가자의 등록 혹은 논문제출 시 확인해 주는 과정

○ cut-off date: 참가자의 숙박을 위해 확보해 놓은 객실을 해제하는 날

○ deposit: 예약금. 호텔이나 항공 등에 다양하게 사용되며, 좌석이나 객실의 판매가 확실하지 않은 경우 항공사나 호텔 측은 대량구매를 요구하는 측에게 미리 그 좌석(객실)만큼의 돈을 요구하게 된다.

○ housing bureau: 컨벤션 주최사무국의 업무 중 숙박을 담당하는 부서

○ morning call: 호텔에 숙박한 고객이 다음날 아침시간을 정하여 전화로 깨워줄 것을 요청하는 것

○ name badge: 명찰(identifying tag)

○ no-show: 호텔 등에 예약을 해놓고 예약 취소 또는 변경 등에 대한 사전 연락 없이 나타나지 않는 경우

○ on-site registration: 현장등록. 사전에 등록하지 않고 행사가 시작된 후 현장에서 등록하는 것

○ occupancy rate: 호텔 객실 혹은 항공기 좌석 이용률

○ pre-registration: 사전등록. 컨벤션 개최 전에 참가자가 등록하는 것

○ receipt of payment: 등록비 영수증

○ registration confirmation sheet: 등록확인증

○ registration packet: 컨벤션 개최 시 등록자들에게 제공되는 수교물. 컨벤션 프로그램, 회의자료, 기념품 등이 포함되어 있으며 대부분 가방에 담아 제공함(유의어: congress kit)

○ room rate: 객실요금

○ suite room: 침대와 응접실이 있는 객실. 등급에 따라 침실과 응접실이 분리되어 있는 경우도 있음

3. 회의용어

○ abstract book: 초록집. 회의에서 발표되는 논문의 초록만 모아놓은 책
   cf. proceedings: 논문 전체(full paper)를 수록해 놓은 책

○ acceptance of paper: 논문 채택. 발표 희망자가 논문을 제출하여 심사과정을 통해 선정기준을 통과한 논문

○ breakout session: 동 시간대에 다른 장소에서 개최되는 소규모의 분과회의

○ call for paper: 학술회의에서 참가자들의 논문발표를 위해 논문을 모집하는 안내문으로 보통 안내서에 포함되어 발송됨

○ chair: 좌장. 회의를 진행하고 감독하는 역할

○ classroom style: 학교 강의식으로 책상과 의자로 구성되어 있는 회의장 배치 형태

○ concurrent session: 한 시간대에 동시에 여러 장소에서 진행되는 소규모 회의(유의어: breakout session)

○ conference material: 회의자료

○ executive session: 집행회의. 대부분 비공개로 진행됨

○ general assembly: 각종 협회 및 단체의 정기총회

○ guest speaker: 초청연사(invited speaker)

○ honorarium: 초청자 혹은 강연자에게 제공되는 강연료

○ hollow square: 'ㅁ'자처럼 안이 비어 있는 형태의 회의장 배치형태

○ interpretation in relay: 순차통역

○ keynote speech: 기조연설. 회의에서 공통적인 이슈가 되고 중심이 되는 강연

○ letter of agreement: 상호협약서

○ minutes: 의사록. 회의록

○ moderator: 회의를 진행하고 정리하는 사회자

○ observer: 일반적으로 비회원국 대표, 또는 개인의 자격으로 참관

○ panel discussion: 패널 토의. 청중이 모인 가운데 사회자의 주도하에 서로 다른 분야 혹은 유사한 분야에서의 발표자 2~8명이 전문적 의견을 발표하는 공개토론회

○ podium: 연단(유의어: lectern)

○ submission of paper: 논문 제출

○ session: 회의를 나누는 단위. 오전/오후로 나누기도 하고 주제별로 나누기도 함. 대부분 session 사이에는 휴식시간을 배정함

○ simultaneous interpretation(SI): 동시통역. 회의참가자의 강연 혹은 발표, 토론 내용을 시간의 차이 없어 즉시 다른 언어로 통역하는 것

○ speaker A/V request form: 발표자가 발표 시에 필요한 시청각기자재를 신청하는 양식. 사무국에서는 신청을 받아 해당 회의장에 기자재를 설치하여 준다.

○ speakers' lounge: 연사전용 휴게실

○ speech: 연설(address/remarks)

○ spouse program: 배우자를 위한 프로그램(관광, 문화체험 위주임)

○ theater style: 책상 없이 의자만 배열하는 극장식 회의장 배치형태

○ U-shape: 'U'자와 유사한 형태의 회의장 배치. 소규모 회의에 이용

○ working group: 실무회의. 위원회보다 작은 규모로 임명된 특정전문가 혹은 실무진으로 구성된 회의

○ wrap-up: 회의를 종료하는 것 혹은 회의의 최종보고서를 준비하는 것. 보통 폐회식에서 진행된 회의의 내용을 요약하여 발표함

4. 사교행사 및 식음료 관련 용어

○ banquet: 만찬. 컨벤션 공식행사 중 하나이며 참가자들의 친목의 시간으로 제공된다. 특히 개최국 혹은 개최도시의 전통문화를 체험할 수 있는 기회를 제공한다.

○ cash bar: 연회장에서 운영하는 바의 형태 중 하나. 참가자가 돈을 지불하고 음료를 구입하는 방식

○ dress code: 행사 참가 복장

○ guarantee: 보증금. 식음료 제공을 받는 모임에서 지불해야 할 서비스(식음료)가 제공된 사람의 수. 실제 이용하든 안 하든 지불되어야 하는 금액

○ head table: 공식석상에서 중요 귀빈들을 위해 마련된 자리

○ M.C.: master of ceremony. 행사진행자

○ place card: 좌석 표시 카드

○ reception: 환영회. 컨벤션 일정 중 첫째 날 진행되는 프로그램으로서 참가자들을 환영하는 장. 대부분 입식(standing)으로 진행된다.

○ RSVP: 초청에 대한 참석여부를 통보해 주는 것(Repondez S'il Vous Plait의 약자)

5. 기타 관련 용어

○ charter: 일반적으로 대형여행사나 기관에서 항공기나 버스를 전세내어 특정 목적으로 운항하는 것

○ coach: 대형버스나 철도의 객차를 칭한다.

○ estimate: 견적서

○ exhibit prospectus: 전시 참가를 독려하기 위한 홍보물

○ fact sheet: 회의와 관련된 특정시설에 대한 설명을 담은 자료

○ fascia: 전시장 부스의 회사명이 쓰인 정면 간판

○ giveaway: 견본품. 경품. 무료책자

○ inbound: 국제항공편이 연계된 외국인의 국내여행. 보통 국내거주 외국인의 경우는 해당되지 않음

○ lost & found office: 분실물 취급소

○ move-in: 전시장 설치를 위한 물품 반입일
   cf. move-out: 물품 반출일

○ order of preference: 우선순위

○ pre-congress tour: 행사 개최 전의 관광
   cf. post-congress tour: 행사 후 관광

○ press kit: 보도자료

○ state-of-the-art: 최신기술

○ technical visit: 산업시찰

부록 2. 컨벤션 체크리스트

1. 유치계획에서 개최결정까지

업무별 세부점검사항

(1) 개최 타당성 조사

☐ 주최자의 조직력 및 운영능력
☐ 개최 규모
☐ 예산 규모
☐ 기간 및 시기의 적정성
☐ 회의장 정보 입수
☐ 숙박시설 정보입수
☐ 교통 편이성 조사
☐ 참가자 출입국 문제 조사
☐ 관련사항(관광, 수송, 도시, 제반시설, VIP 참가 가능성 등) 정보 입수

☐ **시기결정을 위한 점검사항**

• 참가자들이 참가하기 쉬운 시기이다.
• 비수기이다.
• 유사 성격의 업계, 학회의 회의와 중복되지 않는다.
• 큰 행사 또는 축제와 겹치지 않는다.
• 휴일이 많은 달은 피한다.
• 크리스마스 휴가와 중복되지 않는다.

(2) 기본 계획(안) 작성

지방도시에서의 개최를 위한 점검사항

☐ 참가자들이 이용할 수 있는 교통편이 편리한가
☐ 좋은 회의장, 호텔, 연회장, 레스토랑 시설이 있는가
☐ 관광자원, 문화자원이 풍부한가
☐ 우수한 인적자원을 확보할 수 있는가
☐ 외국인을 환영하는 분위기가 갖추어져 있는가
☐ 박물관, 미술관, 역사관, 지역특산품관 등이 있는가
☐ 지역특산품의 제조공장 견학과 실연이 가능한가
☐ 산업시찰이 가능한가
☐ 세련된 관광행사를 치를 수 있는가
☐ 영접 및 환영에 대한 세심한 배려 등을 기대할 수 있는가
☐ 주변 교통망의 정비가 잘 되어 있는가
☐ 지방자치단체의 인적/경제적인 협력을 얻을 수 있는가

(3) 입후보

(4) 입후보 취지서 작성(경쟁국이 있는 경우)

(5) 유치운동
- ☐ 회의 주요 의제분야에 있어서의 한국의 중요성을 PR
- ☐ 국제본부임원과 주요 인물을 한국으로 초청, 다양한 매력을 홍보
- ☐ 초청장 발송
- ☐ 한국소개, 관광, 회의시설, 관련시설의 소개 팸플릿을 발송
- ☐ 관련 회의 및 총회 시에 홍보
- ☐ 한국의 밤 행사 개최
- ☐ 회의장에 한국 PR코너 설치
- ☐ 한국 및 개최도시의 홍보영화와 비디오 상영
- ☐ 한국으로의 유치환영 연설

(6) 개최결정
- ☐ 결정통지를 서면으로 접수
- ☐ 국제본부와 한국 측 위원회의 역할 분담을 명확히 한다.

2. 준비 1단계(조직위원회 구성 및 예산 편성)

업무별 세부점검사항

(1) 개최 타당성 조사

(2) 사무국 설치

(3) 각종 분과위원회 구성

☐ 학술분과	☐ 의전 및 수송분과
☐ 등록분과	☐ 전시분과
☐ 행사분과	☐ 홍보/출판 분과
☐ 관광분과	☐ 재정분과

(4) 공식여행사의 선정

(5) 회의 설명자료 작성

(6) 조직위원회 규정 및 회계규정 작성

(7) 회의 규모 파악
- ☐ 외국인 대 한국인 참가비율   ☐ 회의의 주기
- ☐ 회의의 화제성
- ☐ 회의를 주최하는 단체, 연관 단체에 소속된 회원 수

(8) 회의장 선정

☐ 필요한 방의 수와 종류가 충분한가
☐ 회의장의 음향시설은 좋은가
☐ 냉난방시설이 확실히 되어 있는가
☐ 의자의 착석감이 좋은가
☐ 영상기자재가 있는가
☐ 동시통역부스가 있는가
☐ 개회식, 기조강연장으로 사용될 방의 분위기가 중후한가
☐ 분과회의장, 토론회장의 천장높이가 충분한가
☐ 연구발표, 토론회장의 천장높이가 충분한가
☐ 마이크, OHP, 슬라이드 등 기자재가 충분히 보유되어 있는가
☐ 회의실 주변에 참가자 간 환담과 교제를 위한 공간이 있는가
☐ 등록데스크를 설치할 공간은 충분한가
☐ 회의실의 배치는 참가자의 흐름을 원활하게 할 수 있는 구조인가
☐ 회의장 내 개보수공사 예정이 없는가(공사기간은 피한다.)
☐ 신체장애에 대한 시설이나 운영 측면에서 배려가 되는가
☐ 회의장 대관료가 저렴한가
☐ 전시장이 있는가 또는 가까운가
☐ 사용규정에 대한 엄격한 조건은 없는가
☐ 접근성이 좋은가

(9) 숙박호텔의 선정

☐ 회의장에서 가까운 거리에 있는가
☐ 주변 환경은 어떤가
☐ 객실종류가 다양한가
☐ 음식의 질은 높은가
☐ 식사위생에 대한 의식은 높은가(특히 식중독 등)
☐ 외국어를 할 수 있는 직원은 어느 정도 있는가
☐ 셔틀버스의 유무와 버스가 주차하기 쉬운가
☐ 고객에 대한 서비스 자세는 어떠한가
☐ 연락용 안내판의 설치가 가능한가
☐ 사고대책에 대한 준비가 철저한가(화재, 사고, 긴급구조대책)

(10) 수입원의 확인

☐ 등록비는 충분히 설정되었는가
☐ 주최단체의 자기자금이 충분한가
☐ 보조금, 후원금을 기대할 수 있는가
☐ 판매수입을 기대할 수 있는가
☐ 전시회 운영에 따른 수입을 기대할 수 있는가
☐ 광고수입을 기대할 수 있는가

  □ 공공기관의 보조금을 기대할 수 있는가
  □ 기타 수입을 기대할 수 있는가

(11) 등록비 및 등록기간 설정

(12) 보도 발표

3. 준비 2단계(기본계획 수립 및 검토)

업무별 세부점검사항

(1) 업무 진행표 작성

(2) 회의의 디자인

  □ 로고   □ 심벌 마크   □ 심벌 색상
  제작물
  □ 봉투   □ 편지지   □ 포스터

(3) 프로그램안 작성

  □ 등록   □ 관광프로그램   □ 리셉션   □ 포스터 세션
  □ 기조연설   □ 개회식   □ 전시회   □ 동반자 프로그램
  □ 패널디스커션 □ 초대강연   □ 폐회식   □ 산업시찰
  □ 만찬   □ 커피 브레이크   □ 심포지엄

참가자 모집 개시

(4) 메일링리스트 작성

(5) 안내서 발송
  안내서 발송처
  □ 소속회원   □ 전차대회 회의 참가자
  □ 개최단체 본부와 지부   □ 항공회사와 여행사의 해외사무소
  □ 한국관광공사 해외사무소   □ 기타 관계기관이나 기업의 해외지점

(6) 포스터 발송
  포스터 발송처
  □ 관계단체의 본부와 지부   □ 한국관광공사 해외사무소
  □ 기타 관계기관 및 기업의 해외지점

후원금 모금 개시

(7) 일반 기부금

(8) 모금대상 리스트 정리

(9) 모금 취지서 작성

(10) 모금 모집요령 작성

(11) 기업 방문

프로그램 관련행사 기획

(12) 관련행사의 기획
 ☐ 리셉션   ☐ 오찬   ☐ 칵테일파티
 ☐ 환영파티   ☐ 연회

(13) 관광

(14) 동반자 프로그램

(15) 전시회 기획

(16) 발표논문 모집

(17) 가예약

4. 준비 3단계(진행일정 실행관리)

업무별 세부점검사항

(1) **참가자 유치**

(2) 안내문 작성

(3) 1차 안내문 발송

(4) 마지막 안내문 발송

(5) **해외 참가자 참가 촉진**

(6) 조직위원장의 참가요청서 발송

 등록, 숙박 예약의 수납 개시

(7) 등록

(8) **등록확인증, 영수증 발송**

(9) **등록리스트 관리**

(10) **숙박예약**
 ☐ 신청서 정리방법 설정

(11) **예약 접수 마감일 설정**

(12) 숙박약관과 위약금 청구 규정 설립

(13) 회의장 사용계획서 작성

□ 개/폐회식장	□ 음료수 제공장소	□ 의무실
□ 분과회의장	□ 리셉션장	□ 짐 보관 서비스
□ 위원회 대기실	□ 직원 휴게실	□ 오찬장
□ 통역자 대기실	□ 전체 회의장	□ cloakroom
□ 사무국	□ 전시회장	□ preview room
□ 번역실	□ VIP room	
□ 등록, 안내데스크 공간	□ 프레스룸	

(14) 행사장 평면도(Floor Plan) 작성

5. 준비 4단계(프로그램 확정)

업무별 세부점검사항

(1) 행사일정의 확인

□ 등록	□ 리셉션	□ 포스터 세션
□ 폐회식	□ 관광프로그램	□ 파티
□ 초청연설	□ 개회식	□ 동반자 프로그램
□ 패널 디스커션	□ 기조연설	□ 전시회
□ 커피 브레이크	□ 심포지엄	

(2) 세션별 사회 진행자 결정

(3) 제작물 발주

□ 사인물 및 장식물

행사장 내부	행사장 외부
□ 등록대용 사인물	□ 행사장 입구 현판
□ 각 회의실 표시판	□ 옥외 유도간판
□ 알림 게시판	□ 가로등 배너
□ 회장 평면도	□ 현수막
□ 회의 현판	
□ 명패	

(4) 회의용 기자재 준비

□ Beam projector	□ Laptop	□ White board
□ Internet	□ Mic.	□ 레이저포인터
□ 통역장비	□ 통역리시버	

(5) 회의자료 준비작성

☐ 프로그램   ☐ 전시 안내서   ☐ 관련행사 설명자료
☐ 발표문 요약   ☐ 관광안내자료   ☐ 관계처 주소록
☐ 회의 시간표   ☐ 참가자 명부   ☐ 전반적 주의사항
☐ 리셉션 등 초대장 ☐ 회장 배치도

(6) 기타 비품 준비

☐ 명패   ☐ 생수   ☐ 필기구
☐ 참가국 국기   ☐ 기타(   )

(7) 회의운영 조직구성

필요한 업무 리스트

☐ 등록   ☐ 수송   ☐ 회의실 담당
☐ 사무국   ☐ 자료배포   ☐ 전시회장 경비
☐ 발표자료 접수   ☐ 여행/행사 안내   ☐ 홍보/보도 대응
☐ 기재담당   ☐ 종합 안내   ☐ 배차
☐ 관련 행사 참가 신청서 접수 ☐ 외투 보관소   ☐ 회의자료 발송

(8) 요원 확보

☐ 관련 업계, 단체에 인원지원 요청   ☐ 현장요원 모집   ☐ 인재파견업체에 요청

(9) 운영매뉴얼 제작

☐ 회의 개요   ☐ 업무별 세부내용   ☐ 회의장 평면도
☐ 회의장 사용계획   ☐ 연락처 리스트   ☐ 업무분담인원 및 배치계획
☐ 일정표   ☐ 프로그램   ☐ 회의실 설치도

(10) 긴급사항 대응 매뉴얼 작성

(11) 진행 시나리오 작성

(12) 공식행사 준비

☐ 식순   ☐ 음악 선정   ☐ 공연팀 선정
☐ VIP 영접체계   ☐ 의전 확인   ☐ 장식 선정
☐ 리허설   ☐ 초청자 리스트   ☐ 자리 배치
☐ 서비스 요원 확보   ☐ 안전요원 확보   ☐ 보도 발표

6. 컨벤션 개최 직전 준비(점검, 확인 및 리허설)

업무별 세부점검사항
(1) 제작물 점검, 확인
(2) 회의 운영 협의
(3) 오리엔테이션
(4) 현장사무국 설치
(5) 전화(외선, 내선) 설치
(6) 업무별, 행사별 리허설 진행

부록 3. 컨벤션 기획서 구성(예)

1. 컨벤션 개요

ABC 개요	1) 목적 및 연혁 2) ABC 역대개최 현황 3) 운영위원회 명단
제○○차 ABC회의 개요	• 제○○차 ABC회의 개최 경위 • 개최 목적　　　　회의 기간 및 회의 장소 • 주최 및 참가규모　회의 공용어 • 회의 주제　　　　회의 일정 • 주요행사　　　　기대효과
제○○차 ABC회의 준비 방침	1) 조직 구성 – 조직위원회, 자문위원회, 운영위원회 2) 조직 부서별 업무 3) 사무국 구성 – 운영방침, 사무국인원현황, 업무별 세부조직 4) 유관부처협조사항 5) 단계별 업무계획 6) 주요 업무 추진일정
1. 개요	1) 기본방향 2) 운영조직 3) 등록비 – 국내, 국외, 사전, 현장, 동반자 구분

2. 회의 및 공식행사 세부계획

1. 개요	1) 기본방향 2) 운영조직 3) 회의 일정

2. 사전 준비업무	1) 회의장 선정 및 준비 2) 사전 대표자회의 준비 　－ 회의 개요 　－ 참석자 파악 　－ 회의자료 준비 3) 개회식 준비 　－ 개요 　－ 개회식 진행 순서 및 연설문 준비 　－ 사회자 및 초청자 선정(시기, 방법 등) 　－ 단상인사 선정 　－ 개회식장 준비 　　(무대 설치, 단상/단하 배치, 단상 인사 명패 제작, 기타) 4) 폐회식 준비 　－ 개요 　－ 폐회식 진행 순서 및 연설문 준비 　－ 사회자 및 초청장 선정(시기, 방법 등) 　－ 단상 인사 선정 　－ 폐회식장 준비 　　(단상/단하 배치, 단상 인사 명패 제작, 영상, 음향 등) 5) 전체회의 및 분과회의 준비 　－ 회의별 의장 선정(시기, 방법 등) 　－ 연사 선정(시기, 방법 등) 　－ 논문 접수 　　(논문 접수 마감일, 논문의뢰 방법, 초록집 제작, 배포 등) 　－ 회의장 준비 　　(필요기자재, 물품, 배치도 등) 6) 회의장 운영요원 계획 　－ 요원 계획 및 담당 업무 　－ 요원교육 7) 연사 대기실 운영계획 　－ 장소, 배치도, 설치시기, 필요 기자재 등 8) 기타 회의장 점검사항
3. 추진 일정표	각 시기별 추진일정표

3. 등록 세부계획

1. 사전 준비계획	1) **등록신청서 제작, 발송 및 접수**
	    – 등록신청서 내용(국내, 국외 구분)
	    – 등록신청서 발송(발송시기, 수량 등)
	    – 등록신청서 접수(접수방법)
	2) **등록자 List 작성**
	    – 등록사항, 등록비(예치금)사항, 숙박, 관광사항, 기타 확인사항
	3) **Confirmation and Receipt 제작 및 발송**
	    – 제작(국내, 국외 구분)
	    – 발송(발송시기, 수량 등)
	4) **등록의 변경 및 취소**
	    – 등록의 변경(시기, 방법 등)
	    – 등록의 취소(시기, 환불규정 등)
	5) **Name Tag**
	    – 카테고리별 구분(색상 등)
	    – Name Tag 시안
	    – 카테고리별 인쇄 수량
	6) **Congress Kit**
	    – Kit용 가방 제작(sample, 수량, 재질 등)
	    – Kit 내용물
	    – Kit 작업(작업 시기, 투입인원 등)
	7) **기타 등록관련 인쇄물**
	    – 회의 관련 각종 쿠폰(시안, 제작, 수량 등)
	    – 현장등록신청서, 현장등록비 청구서 및 영수증
	      Name Tag 재발급 신청서 등

2. 현장 진행계획	1) **등록데스크 운영방침**
	2) **등록 전문요원 계획**
	    – 등록요원 선발계획 및 담당 업무
	    – 등록요원 교육계획
	3) **등록절차**
	    – 등록절차 흐름도(**별첨 1**)
	4) **각 데스크별 업무처리절차**
	    – 사전등록 데스크
	    – 현장등록 데스크
	    – Kit 배포 데스크

	– 안내 데스크
	– 관광 안내 데스크
	5) 등록데스크 준비 물품
	  – 등록자 명단, 사무용품, 비상연락망 등
	6) 등록데스크 설치물
	  – 설치 계획
	  – 등록데스크 시안
	  – 등록데스크 유도사인 시안

3. 추진 일정표	각 시기별 추진일정표(별첨 2)

4. 숙박 세부계획

1. 개요	1) 기본 방향 2) 운영 조직 3) 총 예상 소요객실

2. 사전
준비사항
	1) 사전 객실 확보현황
	2) 객실 예약 상황통보
	3) 예약의 취소 및 변경
	  – 예약취소(방법, 시기, 환불 규정)
	  – 예약변경(방법, 시기 등)
	4) 예약 접수 및 배정
	  – 예약 신청 접수(숙박 신청서 송부, 신청서 및 Deposit 접수)
	  – 숙박 리스트 작성(시기, 방법)
	  – 객실 배정 기준(접수 순 혹은 임의 배정)
	  – 객실료 지불방법

5. 통역 세부계획

1. 개요	1) 기본 방향 2) 운영 조직

2. 사전 준비사항	1) 통역언어 결정 2) 통역사 수급 및 통역기기 임대 　– 각 회의별 소요 통역인원 　– 통역기기 임대계획 3) 동시통역업체 선정 및 계약 　– 통역업체 선정 기준 　– 통역업체 계약(시기, 방법 등) 4) 동시통역 현장 진행 　– 수신기 관리 계획 　– 통역사 관리 계획 및 현장 진행

3. 추진 일정표	각 시기별 추진 일정표

6. 사교행사 및 F&B 세부계획

1. 개요	1) 기본 방향 2) 운영 조직

2. 환영만찬 (Buffet + Cocktail)	1) 개요 　– 일시, 장소, 주최, 참석대상, 행사 내용 등 2) 행사장 운영계획 　– 행사장 Layout 　– 뷔페 테이블 배치 계획 　– 칵테일 바 배치 계획 　– 기타 시설물 설치 계획 　　(무대, 조명, 음향, 병풍, 칸막이 등)

	3) 행사진행순서 및 연설문 준비 　– 행사진행순서 　– 환영사 등 연설문 **4) 공연프로그램 계획** **5) 운영요원 계획** 　– 소요 인력 및 기존 요원 활용 계획 　– 요원 교육 계획
3. Korean Night **(Set menu** **별도장소)**	**1) 개요** 　– 일시, 장소, 주최, 참석대상, 행사 내용 등 **2) 행사장 운영 계획** 　– 행사장소, 일정 검토 및 장소 계약 　– 행사장 Layout 　– 행사장 운영 방안 　　(메뉴 및 음료 선정, Head Table 설치계획, Reception Desk 설치 및 운영 계획, 일반 Table 배치계획, 무대, 조명, 음향 설치 계획, 만찬장까지 이동 계획, 행사관련 준비물, 안내 및 영접 계획 등) **3) 행사진행순서 및 연설문 준비** 　– 행사진행순서 　– 만찬사 등 연설문 **4) 공연 프로그램 계획** 　– 공연단 섭외 및 계약 　– 공연단 관리 및 공연 계획 **5) 운영요원 계획** 　– 소요 인원 및 기존 요원 활용 계획 　– 요원교육 계획
4. Coffee **Break**	**1) 개요** 　– 제공 횟수, 제공 음료 **2) 진행방침**
5. 추진 **일정표**	**각 시기별 추진 일정표**

7. 공항영접 세부계획

1. 개요	1) 기본 방향 2) 운영 조직
2. 사전 준비사항	1) 입국자명단 2) VIP 영접 대상자 3) 일반 참가자 영접
3. 세부 진행계획	1) 개요 및 사전 준비사항 2) 현장 운영 　– 안내 데스크 설치 및 환영 피켓 제작 　　(시기, 재질, 시안, 장소 등) 3) 일반 참가자 영접 순서 – 별첨 3 4) VIP 영접 순서 – 별첨 4 5) 영접요원 계획 　– 요원 계획 및 담당 업무 　– 요원교육
4. 추진 일정표	각 시기별 추진 일정표

8. 수송 세부계획

1. 개요	1) 기본 방향 2) 운영 조직
2. 진행계획	1) 차량 동원 및 임대 2) 일자별 수송 계획 　– 공항 → 호텔, 호텔 → 만찬, 호텔 → 관광 등

	3) 사전 준비사항 　– 버스 승차 안내물, 운행시간표 등 **4) 수송요원 계획** 　– 요원 계획 및 담당 업무 　– 요원교육
3. 추진 일정표	**각 시기별 추진 일정표**

9. 홍보 세부계획

1. 개요	**1) 기본 방향** **2) 운영 조직** **3) 주요 업무**
2. 세부 진행계획	**1) 홍보관련 제작물** 　– 인쇄물(포스터, 각종 초청장, 발표자료집, 관광 안내서, 　　프로그램 북 등의 제작시기 및 시안) 　– 제작물(홍보탑, 육교현판, 옥외 현수막, 가로등 배너 등의 제작, 　　설치 시기 및 시안) 　– Press Release(국내 일간지 및 관련 잡지 배포용, 해외 유명 언론사 및 관 　　련 매체 배포용, 자료 제작시기 및 배포방법) 　– Press Kit: 목적, 배포대상, 주요 내용(회의배경, 목적, 주요 일정, 주요 참 　　석인사 등) **2) 홈페이지 제작** 　– 홈페이지 구성(Tree 형식으로 표현) 　– 각 페이지별 구성 기능 **3) 사진 및 영상** 　– 회의 기록 사진 촬영(사진 촬영업체 섭외, 기념앨범 제작 등) 　– 회의 기록 영상촬영(영상촬영업체 섭외, 기록영상 제작) **4) Press Room 설치 운영**

3. 추진 일정표	각 시기별 추진 일정표

10. 예산 세부계획

예산 총괄표	수입 지출 수익을 구분하여 하나의 페이지로 구성
수입 내역	1) 예상 등록자(국내, 국외 구분) 2) 예상 부스 참가업체 3) 관련 기관 Sponsor를 구분하여 표로 구성
지출내역	1) 인건비 2) 인쇄비 3) 홍보물제작비 4) 장비 임차비 5) 사교행사비 6) 수송비 7) 사무국 운영비 8) 회의장 임차비 9) 용역비 10) 예비비 11) 총액
세부 지출내역	지출내역의 각 항목별 세부지출내역 기입

부록 4. 컨벤션기획사 1·2급 자격증

1) 직무분야 - 전문사무

2) 종목 및 등급 - 컨벤션기획사 1·2급

3) 직무정의

국제회의 유치·기획·준비·진행 등 제반 업무를 조정·운영하면서 회의목표 설정, 예산관리, 등록, 기획, 계약, 협상, 현장관리, 회의평가 등의 업무를 수행

4) 검정기준

명칭	등급	검정기준
컨벤션 기획사	1급	1. 컨벤션 유치·기획·운영에 관한 제반업무를 수행할 수 있는 능력의 유무 2. 외국어 구사 및 경영·협상·마케팅 능력의 유무
	2급	1. 컨벤션 기획·운영에 관한 기본적인 업무를 수행할 수 있는 능력의 유무 2. 컨벤션기획사 1급의 업무를 보조할 수 있는 능력의 유무

5) 응시자격

(1) 컨벤션기획사 1급

① 해당종목의 2급 자격을 취득한 후 응시하고자 하는 종목이 속하는 동일직무분야에서 4년 이상 실무에 종사한 자

② 대학졸업자 등 졸업 후 응시하고자 하는 종목이 속하는 동일 직무분야에서 7년 이상 실무에 종사한 자

③ 전문대학졸업자 등으로서 졸업 후 응시하고자 하는 종목이 속하는 동일직
   무분야에서 9년 이상 실무에 종사한 자

④ 응시하고자 하는 종목이 속하는 동일직무분야에서 11년 이상 실무에 종사
   한 자

⑤ 외국에서 동일한 등급 및 종목에 해당하는 자격을 취득한 자

(2) 컨벤션기획사 2급

제한 없음

6) 검정방법

(1) 컨벤션기획사 1급: 필기시험(객관식 4지택일형) → 실기시험(복합형)

(2) 컨벤션기획사 2급: 필기시험(객관식 4지택일형) → 실기시험(작업형)

7) 검정과목

자격종목	입법예고(안)		최종결과	
	검정방법	시험과목	검정방법	시험과목 및 배점
컨벤션 기획사 1급	필기시험	1. 컨벤션영어 II 2. 국제회의실무론 II 　(전시 · 협상론 포함) 3. 재무회계론 4. 컨벤션 마케팅 　(유지 · 홍보론 포함)	필기시험	1. 컨벤션 기획실무론 2. 재무회계론 3. 컨벤션 마케팅
	실기시험	국제회의 실무 (국제회의 기획 및 실무제안서 작성, 영어 프레젠테이션)	실기시험	컨벤션실무 (컨벤션 기획 및 실무제안서 작성, 영어 프레젠테이션)
컨벤션 기획사 2급	필기시험	1. 컨벤션영어 I 2. 국제회의실무론 I 　(외국문화의 이해, 의전, 상 　식 포함) 3. 호텔 · 관광실무론	필기시험	1. 컨벤션산업론 2. 호텔 · 관광실무론 3. 컨벤션 영어
	실기시험	국제회의 실무 (국제회의 기획 및 실무제안서 작성, 영어서신 작성)	실기시험	컨벤션 실무 (컨벤션 기획 및 실무제안 서 작성, 영어서신 작성)

8) 합격결정기준

구분	검정방법	합격결정기준
1급 2급	필기 (매 과목 100점)	매 과목 40점 이상, 전 과목 평균 60점 이상
	실기(100점)	60점 이상

9) 출제기준

(1) 컨벤션기획사 1급

시험과목	출제 문제수	주요 항목	세부항목
컨벤션 기획 실무론	40	1. 컨벤션산업의 이해	1. 컨벤션산업의 동향
			2. 컨벤션산업관련 법 · 제도에 대한 이해
			3. 국제기구 동향
		2. 컨벤션 유치기획	1. 사업타당성 분석
			2. 프로그램 기획
			3. 유치협상 및 계약
		3. 컨벤션 운영기획	1. 행사진행 제반사항
			2. 현장인력 관리 · 운영
			3. IT활용전략
		4. 컨벤션 평가	1. 컨벤션 평가방법
			2. 사후관리사항
	40	1. 재무회계의 기본이해	1. 재무회계의 개념 및 원칙
			2. 재무제표에 대한 이해
			3. 회계정보의 활용
		2. 컨베션 예산관리	1. 컨벤션 예산수립 및 운영
			2. 컨벤션관련 가격결정
		3. 성과분석	1. 컨벤션 손익분기점 분석
			2. 수입지출에 대한 결과보고
	40	1. 컨벤션 마케팅의 기본이해	1. 서비스 마케팅의 이해
			2. 컨벤션 마케팅 믹스
			3. 마케팅 커뮤니케이션
		2. 컨벤션 유치촉진	1. 컨벤션 STP분석
			2. 고객관계관리
			3. 인센티브 전략

		3. 광고 · 홍보	1. 매체 설정 및 활용
			2. 브랜드 전략
			3. 스폰서
		4. CVB 운영과 활용	1. CVB 설립 · 운영
			2. 개최지 마케팅에 대한 이해
컨벤션 실무	실기	1. 컨벤션 유치제안서 영문 작성	1. 행사개요
			2. 한국에서의 개최 의의 및 효과 분석
			3. 행사 기본계획 수립
			4. 세부추진계획 수립
			5. 예산확보 및 운영계획
		2. 영어 프레젠테이션	1. 유치제안서 요약 발표

(2) 컨벤션기획사 2급

시험과목	출제 문제수	주요 항목	세부항목
컨벤션 영어	30	1. 어휘 구사력 및 문법 파악력	1. 어휘 의미 및 문법 오류 파악
		2. 독해력 및 표현력	1. 문서 독해력 및 이해력
			2. 문맥 흐름 및 요지 파악
			3. 문맥 중 적절한 단어 선택
		3. 컨벤션 커뮤니케이션	1. 해외참가자와의 의사소통
			2. 서식 및 계약서 이해
컨벤션 산업론	40	1. 컨벤션산업의 개요	1. 컨벤션산업의 이해
			2. 회의시설에 대한 이해
			3. 컨벤션산업 법 · 제도적 사항
			4. 주요 국제기구 현황
		2. 컨벤션 기획 · 운영	1. 컨벤션기획에 관한 사항
			2. 컨벤션운영에 관한 사항
			3. 컨벤션 사후관리 및 평가에 관한 사항

		3. 홍보 · 마케팅	1. 행사홍보 및 스폰서
			2. 참가자 유치전략
호텔 · 관광 실무론	30	1. 호텔실무	1. 호텔의 기본사항
			2. 객실 및 식음료 관련사항
			3. 부대시설 및 서비스 관련사항
		2. 관광실무	1. 관광산업 및 정책의 이해
			2. 여행실무 관련사항
컨벤션실무 (컨벤션기획 및 실무제안서 작성, 영어서신 작성)	실기	1. 컨벤션기획서 작성	1. 목표 및 콘셉트 설정에 관한 사항
			2. 행사기본계획 수립
			3. 세부추진계획 작성
		2. 영문서신 작성능력	1. 영문서신 작성
			2. 영문행사개요 작성

출처: 한국산업인력공단 홈페이지

권영찬(1985). 기획론. 법문사.

김영규 · 이장우(2011). 사례로 배우는 국제회의운영과 실무. 새로미.

김철원 · 최숙희 · 이태숙(2012). 컨벤션 주최자의 SNS 홍보활동이 조직-공중관계성 및
        참가 만족에 미치는 영향. 관광학연구. 제36권 제4호(제100호).

박의서 · 장태순 · 이창현(2010). MICE산업론. 학현사.

박창수(2005). 컨벤션기획론. 대왕사.

_____(2013). 전시 · 컨벤션학개론. 대왕사.

성은희 · 오수진(2017). 목적지마케팅. 백산출판사.

윤세목(2002). 국제회의산업론. 현학사.

이경모(2002). 이벤트학원론. 백산출판사.

이경모 · 조영아 · 조금석 · 정우영(2006). 컨벤션 실무. 삼양미디어.

이병철(2012). 기획론. 울산대학교 OCW.

이선영 · 임지숙(2012). About Party. 한올출판사.

이영곤(2013). 전략적 사고 기획프로세스.

이은성(2011). 컨벤션실무론. 진샘미디어.

한진영 · 지계웅(2016). 컨벤션경영론. 새로미.

한치규(2000). 기획의 노하우. 신세대.

황희곤 · 김성섭(2016). 미래형 컨벤션산업론. 백산출판사.

강원도인재개발원(2008). 2008 공통 교재 기획 실무.

광명시의회(2009). 기획서 잘쓰는 방법.

광주대학교(2005). 교육양성 컨벤션기획사 교재.

국제회의전문가교육원(1998). 국제회의 실무자를 위한 안내서.

미래컨벤션도시육성사업단(2006). 컨벤션 인프라 구축 및 Global Talent 양성.

박종선. PR기획서 작성 및 프리젠테이션.

시 · 도 공무원교육원(2006). 기획실무.

의전실무편람(2008). 서울시.

이용갑플랜테이션연구소(2003). 기획과 프리젠테이션을 위한 Digital Visual Plantation Environment.

한국관광공사(2006). 컨벤션 기획 및 운영 실무교육.

_____(2015). 마이스참가자 소비지출조사.

_____(2017). 마이스참가자 소비지출조사.

한국은행 국제협력실(2013). 국제회의 · 행사 개최 길라잡이.

한국지방자치단체국제화재단(2006). 지방공무원을 위한 국제회의 · 이벤트편람.

Global MICE Insight(2017). 한국컨벤션전시산업연구원.

UIA(2017). International Meetings Statistics Report.

Allen, J.(2002). *The Business of event planning*. John Willey & Sons Canada Ltd.

Astroff, M. T., and Abbey, J. R.(1998). *Convention Management and Service*. Waterbury Press.

Dror, Y.(1963). The Planning Process: A Facet Design. *International Review of Administrative Sciences*. vol. XXIX. No. 1. pp. 46-58.

PCMA Education Foundation(1997). *Professional Meeting Management*. 3rd Edition.

권만우 블로그, 기획보고서 작성법(http://blog.naver.com/ksackr)

㈜w2w 인터랙

copy.or.kr(지식공유포럼)

http://jselena.tistory.com/12

http://kiyoo.tistory.com/550

www.gicc.kr

www.google.com

www.jungle.co.kr

www.sicem.kr

저자약력

성은희(成恩希)

현) 동서대학교 관광학부 이벤트컨벤션전공 교수
부산지역특화MICE 자문위원
부산해양수도정책심의위원회 위원
한국MICE관광학회 부회장
한국무역전시학회 이사

경기대학교 관광학 박사
세종대학교 경영학 석사
연세대학교 이학사

前) 부산시 MICE육성위원회 위원
경남 국제회의 및 전시산업지원협의회 위원
한국MICE산업협회 자문위원
한국관광공사 스타브랜드컨벤션자문위원
한국이벤트컨벤션학회 편집위원장
(유)성앤드민엠아이씨이컨설팅 대표이사
㈜인터컴(PCO) 기획부장

저자와의
합의하에
인지첩부
생략

컨벤션기획실무

2019년 2월 25일 초판 1쇄 발행
2022년 8월 10일 초판 3쇄 발행

지은이 성은희
펴낸이 진욱상
펴낸곳 (주)백산출판사
교 정 성인숙
본문디자인 구효숙
표지디자인 오정은

등 록 2017년 5월 29일 제406-2017-000058호
주 소 경기도 파주시 회동길 370(백산빌딩 3층)
전 화 02-914-1621(代)
팩 스 031-955-9911
이메일 edit@ibaeksan.kr
홈페이지 www.ibaeksan.kr

ISBN 979-11-88892-46-4 93980
값 18,000원

• 파본은 구입하신 서점에서 교환해 드립니다.
• 저작권법에 의해 보호를 받는 저작물이므로 무단전재와 복제를 금합니다.
  이를 위반시 5년 이하의 징역 또는 5천만원 이하의 벌금에 처하거나 이를 병과할 수 있습니다.